Tragflächen in Rippenbauweise

Jürgen Hofmann

Verlag für Technik und Handwerk
Baden-Baden

 Fachbuch

Best.-Nr.: FB 2068

Redaktion: Alfred Kirst

Widmung

Dieses Buch widme ich meiner Frau Marie-Luise, die mich stets nach einem fliegerischen Fehlschlag ermutigt hat, ein weiteres Modell zu bauen, und die mich lehrte, die Verschmutzung eines Modellbauerheims zu beseitigen und - schließlich - zu vermeiden!

Die Deutsche Bibliothek - CIP-Einheitsaufnahme

> **Hofmann, Jürgen:**
> Tragflächen in Rippenbauweise / Jürgen Hofman. - 1. Aufl. - Baden-Baden : Verl. für Technik und Handwerk, 1995
>   (vth-Fachbuch)
>   ISBN 3-88180-068-9

ISBN 3-88180-068-9

© 1. Auflage 1995 by Verlag für Technik und Handwerk
Postfach 2274, 76492 Baden-Baden

Alle Rechte, besonders das der Übersetzung, vorbehalten. Nachdruck und Vervielfältigung von Text und Abbildungen, auch auszugsweise, nur mit ausdrücklicher Genehmigung des Verlages.

Printed in Germany
Druck: Offsetdruckerei Peter Naber, Hügelsheim

Jürgen Hofmann
Tragflächen in Rippenbauweise

Fachbücher von

(RC-Modell-Hubschrauber (FB 2005)
Vom Balsagleiter zum Hochleistungs-Segler (FB 2010)
Flugmodell-Aerodynamik (FB 2012)
Aerodynamik der Motorflugmodelle (FB 2013)
Flugmodelltechnik (FB 2014)
Mein erstes RC-Flugmodell (FB 2015)
Solar-Modellflug (FB 2017)
Die Segelflugklasse F3B (FB 2020)
Tips für den Flugmodellbau, Band 2 (FB 2021)
Faszination Nurflügel (FB 2026)
Segelflug ferngesteuert (FB 2027)
Tips für den Flugmodellbau Bd 3 (FB 2028)
Der RC-Hubschrauber (FB 2030)
Flugmodelle aus Styropor und Roofmate (FB 2031)
Ferngesteuerte Trainermodelle (FB 2035)
Flugmodelle erfolgreich bauen (FB 2039)
Das Thermikbuch für Modellflieger (FB 2044)
RC-Wurfsegler (FB 2047)
Ferngesteuerte Kleinsegler (FB 2049)
Experimentalflugmodelle (FB 2052)
Grundlagen für die Konstruktion von Segelflugmodellen (FB 2054)
Modellflugzeugschlepp (FB 2058)
Getriebe im Elektro-Motorflug (FB 2061)
Thermiksegelflug (F3J) (FB 2064)
Große Modellmotoren (FB 2066)

Flugmodelle nach Bauplan (FM 1)
Scale-Segler - gut vorbereitet fliegen (FM 2)
Folienfinish für Flugmodelle (FM 3)
RC-Hubschrauber (FM 4)
RC-Motormodelle (FM 5)
RC-Einbau in Flugmodelle (FM 6)
Motoren für Flugmodelle (FM 7)
Flugschule für RC-Hubschrauber-Piloten (FM 8)
Formenbau und Glasfasertechnik für Flugmodelle (FM 9)
Kunstflug mit ferngesteuerten Modellen (FM 10)
Der Antrieb im Impellerflugmodell (FM 11)

Eppler-Profile (MTB 1/2)
NACA-Profile (MTB 3)
203 erprobte und bewährte Tips (MTB 5)
HQ-Profile (MTB 7)
Elektro-Segelflugmodelle (MTB 9)
Alles über Saalflug (MTB 10)
Flugmodell & Computer (MTB 13)
Moderner Tragflächenbau (MTB 14)
Impeller-Praxis für Flugmodelle (MTB 15)
Freiflug-Modellsport (MTB 16)
Modellflug-Profilesammlung (MTB 17)
Strahlturbine für Flugmodelle im Selbstbau (MTB 20)
Leistungsprofile für den Modellbalu (MTB 23)

Nurflügelmodelle (MBR 3)
Flugmodelle selbstgebaut (MBR 4)
Elektroflug für Ein- und Umsteiger (MBR 5)
Großflugmodelle (MBR 7)
Moderner Rumpfbau (MBR 10)
Experten-Tips Elektroflug (MBR 12)
Selbstbauempfänger (MBR 13)

und außerdem:

Funkfernsteuerung für Praktiker (FB 2016)
Computer Fernsteuerungen im Vergleich (FB 2029)
Modell-Motorenpraxis (FB 2033)
Drehen und Fräsen im Modellbau (FB 2037)
Lenkdrachen (FB 2048)
Seifenkisten (FB 2050)
Ferngesteuerte Heißluftballone (FB 2055)
Der 4-Takt-Modell-Motor (MTB 6)
Drehzahlsteuerung im Modellbau (MTB 22)
Der Akku im Modellbau (MBR 2)
Werkzeuge für den Modellbau (MBR 9)
Modellbau-Werkstattpraxis (MBR 11)
Kiting Cartoons (SB 1)

Fordern Sie unser komplettes Buchprogramm an!

Inhaltsverzeichnis

Einführung	9
Anforderungen an den Flügel	11
Biegebeanspruchung	11
Verdrehsteifigkeit	13
Transportfähigkeit	15
Die verschiedenen Flügelbauarten	16
Vollbalsa-Bauweise	16
Unbeplankte Flügel	16
Offene Rippenbauweise	16
Rippenbauweise mit Rohrholm	16
Diagonalrippen-Bauweise	16
Verspannte Oldtimer-Flächen	19
Beplankte Flügel	20
Flügel mit verdrehsteifer Nase	20
Schalenbauweise	22
Flügelgrundrisse	22
Knickflügel	22
Vorbereitungen und Werkstoffe	28
Baukastenmodelle	29
Bau von Flügeln nach Plan	32
Auswahl der Hölzer	32
Balsaholz	32
Sperrholz	34
Abachi	34
Kiefer	35
Andere Hölzer	35
Klebstoffe	36
Lösungsmittelkleber	36
Kontaktkleber	37
Reaktionskleber	37
Heißkleber	38
Andere Leime	38

Klebelacke und Grundierungen	38
Bespannstoffe	38
Bügelfolie	39
Bügelgewebe	40
Metalle	40
Stahldraht	40
Flachstähle	40
Rundstähle	40
Stahlrohre	41
Messing	41
Aluminium	41
Kunststoffe und abgewandelte Naturstoffe	41
Schaumstoffe, Platten und Rohre	41
Kohlefaserrovings	42
Glasfasergewebe	42
Werkzeuge und Hilfsmittel	42
Zeichenhilfmittel	42
Sägen	44
Bohren	44
Hobeln	46
Feilen	46
Schleifpapier	47
Unfallverhütung und Sicherheit	47
Sauberkeit und Entsorgung	48
Die Tragflächen entstehen	**49**
Herstellung der Einzelteile	49
Holmbau	49
Balsa oder Kiefer	49
Zuschnitt	49
Schäften	50
Verstärkungen	53
Verleimen	53
Ausklinkungen in Holmen	53
Nasenleisten	55
Endleisten	55
Hilfsholme	55
Rippen	55
Randbogen und Endklötze	62
Beplankung	65
Verstärkungen und Verkastungen	66
Hilfsleisten und Schablonen	68
Bauplan	69
Das Baubrett	71
Vorrichtungen	75
Leimen und Kleben	76
Vorsichtsmaßnahmen	78

Die Verbindung zum Rumpf - Flächenbefestigungen 79
   Gummiringe 79
   Aufsteckflächen 79
      Stahldrähte 79
      Flachstähle 79
      Rundstähle 85
      GFK- und CFK-Stäbe 86
   Befestigung bei Flügelsteuerung 86
   Zungenbefestigung 87
   Verschraubungen 87
   Streben und Verspannungen 89
      Streben 89
      Verspannung 91

Alles beweglich: Ruder, Klappen, Fahrwerke 93
   Ruder- und Klappeneinbau 93
      Querruder 93
      Flügelsteuerung 93
      Flächenverwindung 95
      Landeklappen 95
      Störklappen 99
      Scharniere 99
   Umlenkhebel, Ruderhörner und Gestänge 101
      Ruderhörner 101
      Drehstäbe 103
      Stoßstangen 103
   Fahrwerke 103
      Feste Fahrwerke 103
      Einziehfahrwerke 105
   Schaulöcher oder Wartungsklappen 106
   Einbau der Rudermaschinen 106
      Löten 111

Die Endphase: Finish und Bespannung 112
   Verputzen 112
   Spachteln 112
   Grundieren 114
   Beschichten 115
   Lackieren 116
   Papier- und Gewebebespannung 118
      Papierbespannung 118
      Seidenbespannung 118
      Nylonbespannung 120
      Spannlack 120
      Farbige Lackierung 120
   Folienbespannung 121
      Bügelgewebe 126
   Verzierungen 126

Für alle Fälle: Reparaturtips 127
    Was man auf dem Flugplatz zur Hand haben sollte 127
    Verbesserungen und Reparaturen in der Werkstatt 128
        Gebrochene Holme, Nasen- und Endleisten 128
        Eingedrückte oder zersplitterte Beplankung 128
        Eingerissene Bespannung oder Folie 128
        Ausgerissene Gabelköpfe oder Umlenkhebel 128
        Defekte Störklappen 129
        Abgebrochene Scharniere und Ruderhörner 129
        Verbogene Stahlzungen 129
        Schwergängige Rudergestänge 129
        Defekte elektrische Leitungen 130

Aus meiner Werkstatt: Beispiele gebauter Flügel 131
    Segelflugmodell Termik 131
    Oldtimer Nieuport NI 17C1 139
    Klassiker Klemm 25 C VIII 144
    Bücker Bü 133 Jungmeister 153

Experimente und ungewöhnliche Flügel 160
    Verbesserung der Flugleistungen 160
    Verbesserung der Flugeingenschaften 160
    Neuartige Flügelformen 160
    Änderung der Konfiguration 162

Arbeitsplanung und Checklisten 164
    Einkaufszettel 164
    Arbeitsplanung Flügelbau 165
    Arbeitsplanung Beplankung 166
    Arbeitsplanung Verkastung 168
    Arbeitsplanung Rippenaufleimer 169
    Arbeitsplanung Flügelbefestigung 169
    Arbeitsplanung Ruder, Klappen,Fahrwerke 171
    Arbeitsplanung Bespannung 173
    Arbeitsplanung Folien 175

Anhang 178
    Tabelle der Metalle 178
    Tabelle der Holzarten 179
    Tabelle der Klebstoffe 180
    Tabelle der Bespannstoffe 181
    Literaturverzeichnis 182

Einführung

Liebe Modellbauer!

Da Sie dieses Buch lesen, planen Sie den Bau von Flügeln mit Holmen und Rippen aus Holz. Ursprünglich wurden alle Modelle auf diese Weise hergestellt, aber seit vielen Jahren haben sich andere Bauarten, so die mit Holz beplankten Schaumkerne oder die GFK-Schalenflügel, eingeführt.

Dabei hat jede dieser Herstellungsmethoden ihre Vorteile: Beispielsweise erfordert ein Hochleistungssegler mit einem Computerprofil eine Oberflächengenauigkeit von Zehntelmillimetern, die man mit herkömmlichen Bauweisen nicht erreichen kann. Der Nachbau eines Oldtimers wirkt jedoch nur echt, wenn Rippen und Holme erkennbar sind. Sollten Sie

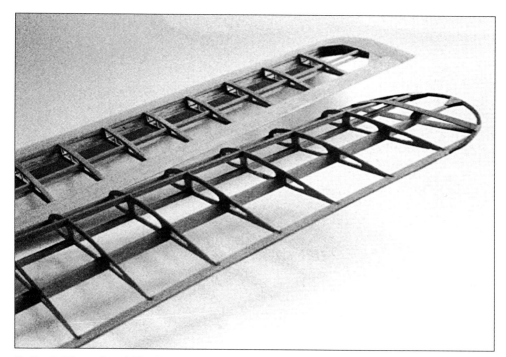

Die Konstruktionen dieser beiden Flügel liegen über 60 Jahre auseinander: vorne Großer Winkler, Sperrholzrippen und Kieferholme; hinten Vega Termik, Fertigrippen und Balsabeplankung.

sogar den Bau eines Modelles aus der Frühzeit der Fliegerei mit Flügelverwindung ins Auge gefaßt haben, so können Sie dies nicht mit beplankten Schaumkernen verwirklichen!

Dieses Buch handelt ausschließlich von Flügeln. Zwar gibt es Modele und auch große Flugzeuge, die ohne sie auskommen, zum Beispiel Hubschrauber, doch für die meisten sind Flügel unverzichtbar.

Flugzeuge mit Flügeln sind auch, entgegen der Meinung von Laien, die behaupten, einen Hubschrauber könne man bei Gefahr anhalten und in der Luft parken, sehr viel einfacher zu steuern. Bei vielen kann man sogar den Sender für einen Augenblick weglegen. Wenn Sie erst soweit sind, dann haben Sie gut gebaut! Hoffentlich finden Sie danach Ihr Modell – Ihr eigenes – am Himmel wieder!

Der Kauf eines fertigen Modells mag für manchen Modellflieger sehr befriedigend sein, besonders wenn er einen beachtlichen Rabatt erhandelt hat.

Der Bau eines eigenen Modells ist dagegen eigentlich ein schöpferischer Akt. Sie werden beim Bauen Ihre eigenen konstruktiven, innovativen und handwerklichen Fähigkeiten kennenlernen und weiterentwickeln. Ihr selbst geschaffenes Modell werden Sie besser kennen und mit ihm sorgfältiger umgehen als mit einem fertig erworbenen, und damit haben Sie noch mehr Freude und Stolz an Ihrem Hobby gewonnen.

Anforderungen an den Flügel

Zwei Eigenschaften soll der Flügel haben: Er soll genügend Auftrieb liefern. Sein Luftwiderstand soll gering sein. Bei der Bewertung dieser Anforderungen wird fast stets ein Kompromiß nötig sein.

Auftrieb und Luftwiderstand hängen vom gewählten Flügelquerschnitt, dem Profil, ab. Ein Hochleistungssegler hat daher ein völlig anderes Flügelprofil als ein Motormodell für Kunstflug.

Biegebeanspruchung

Da der Tragflügel das Gewicht des Modells tragen muß, wird er auf Biegung beansprucht. Wie stark diese Beanspruchung ist, können Sie auf manchen Abbildungen von Segelflugzeugen erkennen. Da wölben sich die Flächenenden bis zu fast einem Meter nach oben. Sollten Sie selbst in einem Flugzeug sitzen, so können Sie dies auch bei einem Blick vom Fensterplatz aus bemerken. Es wäre aber unklug, diese Beobachtung Ihrer Begleiterin oder anderen Reisenden mitzuteilen.

Bei der Biegebeanspruchung wird der obere Teil des Flügels auf Druck, der untere auf Zug beansprucht. Infolge der erheblichen Längenausdehnung (Spannweite) des Flügels führt starker Druck zur Knickbeanspruchung. Aus diesem Grund muß die Oberseite des Flügels fester sein als die Unterseite.

Bei Kunstflugmodellen tritt im Rückenflug ein Lastwechsel ein. Jetzt ist die Unterseite, die jetzt oben liegt, auf Druck, die Oberseite auf Zug beansprucht. Kunstflugmodelle haben eine kurze Spannweite und sind kräftig gebaut. Sie vertragen diese wechselnde Beanspruchung ohne weiteres. Segelflugmodelle für Anfänger dagegen können hier ihren Geist aufgeben.

Die meisten Segelflugmodelle haben aus Gründen der Flugstabilität eine geometrische

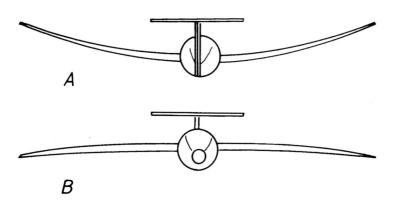

Wechselnde Beanspruchung von Flügeln:
A: Beim Hochstart biegen sich die Flächen nach oben durch.
B: Beim Anstechen haben die Tragflächenenden negativen Auftrieb und verbiegen sich nach unten.

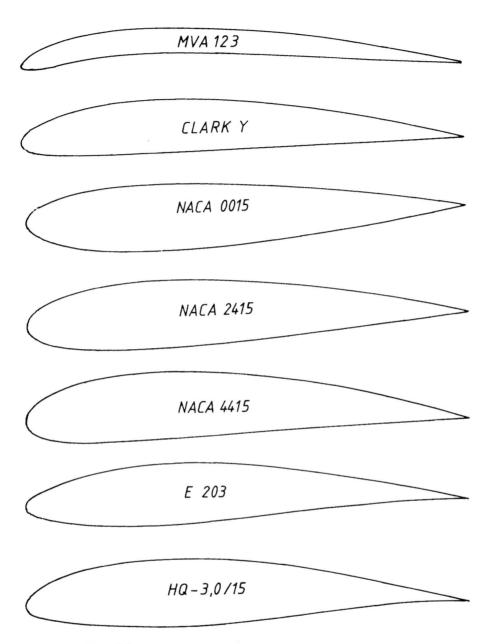

Einige Profile von Flugmodellen:
MVA 123 ist typisch für Oldtimer. Schnell und gut tragend. Holme, Nasen- und Endleiste müssen sehr dünn sein. Der Flügel bietet kaum Widerstand gegen Verbiegung und Verdrehung.
CLARK Y ist ein sogenanntes Allerweltsprofil. Mit der geraden Unterseite läßt sich der Flügel gut auf dem Baubrett aufbauen.
Die folgenden drei NACA-Profile haben alle die gleiche Dicke von 15 %. Die Wölbung beim 0015 ist Null, das Profil symmetrisch, also für Kunstflug geeignet. Das 2415 ist 2 % gewölbt und für Sportmodelle ideal. Das 4415 mit 4 % Wölbung trägt besser.
Die beiden nächsten modernen Profile sind mittels Computer berechnet. Das E 203 eignet sich für Segler, das HQ mit 15 % Dicke und 3 % Wölbung für Segler mit Wölbklappen.

oder eine aerodynamische Schränkung. Sie haben an den Flächenenden weniger Auftrieb als an der Flächenwurzel. Bei zu geringer Fluggeschwindigkeit verschwindet der Auftrieb daher zuerst an der Wurzel, so daß das Modell nicht trudelnd abstürzen kann. Solche Modelle zeigen ein erstaunliches Flugbild: Beim Hochstart biegen sich die Flügel durch den erhöhten Auftrieb bei dem großen Anströmwinkel nach oben durch. Beim Anstechen für den rasanten Überflug haben die Flächenenden jetzt Abtrieb und biegen sich nach unten durch.

Diese häßliche Flugeigenschaft wird bei modernen Hochleistungsseglern dadurch vermieden, daß diese keine Schränkung haben. Das mögliche Abkippen bei geringer Fluggeschwindigkeit wird einmal durch eine Verdickung des Profils am Flügelende, welche den Auftrieb erhöht, und zum anderen durch die Erfahrung des Piloten, der solche Flugzustände vermeidet, verhindert.

Verdrehsteifigkeit

Der Flügel soll Auftrieb liefern und besitzt daher häufig ein stark tragendes Profil. Bei solchen Flügelprofilen wandert der Auftriebsmittelpunkt bei Änderung des Anströmwinkels. Aus Gründen der Flugstabilität soll bei den meisten Flugzeugen der Auftrieb am Flügelende geringer sein als in der Mitte der Fläche.

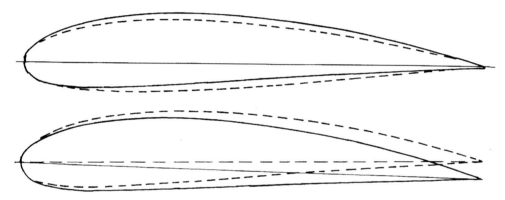

Bei der aerodynamischen Schränkung geht das stärker tragende Profil an der Flügelwurzel in ein weniger tragendes am Flügelende über.
Bei der geometrischen Schränkung hat das Profil am Flügelende einen geringeren Anstellwinkel und damit einen geringeren Auftrieb.

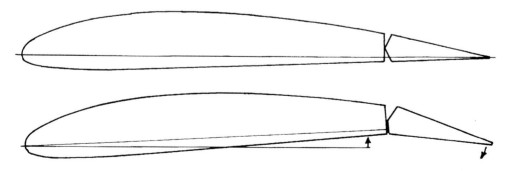

Durch den Ausschlag des Querruders nach unten entsteht eine Drehmoment, welches den Anstellwinkel der Fläche bei mangelnder Drehfestigkeit vermindert. Dadurch entsteht ein ungewollter Abtrieb. Die Ruderwirkung ist verkehrt!

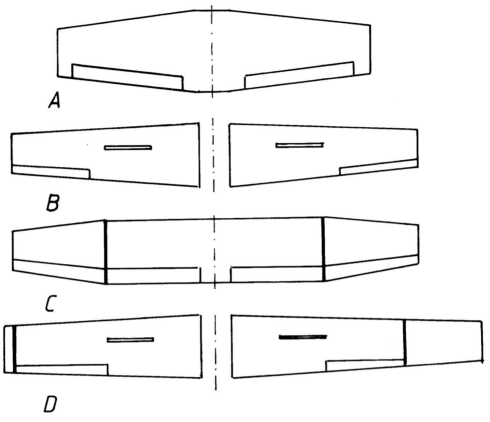

Einige Möglichkeiten der Erleichterung des Transports:
A: Der kurze Flügel eine Motormodells braucht nicht geteilt zu werden.
B: Seglerflächen werden ab etwa 2.500 mm Spannweite geteilt.
C: Wettbewerbsmodelle haben häufig dreigeteilte Flächen. Der Mittelflügel wird in einem Stück gebaut und auf dem Rumpf verschraubt. Man vermeidet Probleme unterschiedlicher Einstellwinkel und falschen Fluchtens. Die Außenteile werden aufgesteckt.
D: Große Segler haben manchmal viergeteilte Flächen. Bei dem gezeigten Beispiel können je nach Windverhältnissen die Spannweiten verändert werden. Links ist nur ein Abschlußstück angesteckt. Rechts ist ein Verlängerungsstück angebracht.

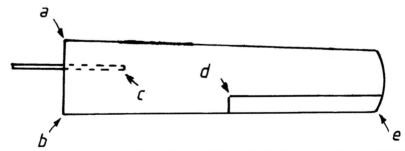

Achten Sie auf die Schwachstellen eines Flügels! Bei a und b kann die Flügelkante beim Vor- und Rückfedern verdrückt werden. Bei c endet der starre Zungenkasten, es folgt der elastische Holm: Bruchgefahr. Dieselbe Gefahr besteht auch beim Querrudereinschnitt d. Die dünne Endkante e kann beim Hantieren und beim Transport beschädigt werden.

Wird ein Querruder betätigt, verursacht das ein Drehmoment am Flügel, was zu einer Verwindung des Außenflügels gegenüber der Flügelwurzel führen kann. Im Flugbetrieb kann dies bewirken, daß sich die Wirkung der Querruder verändert oder daß bei hoher Fluggeschwindigkeit der Flügel so stark verdreht wird, daß Rippen und Beplankung zersplittern (das Geräusch ist unüberhörbar) oder daß der Flügel abbricht.

Daher muß man durch eine geeignete Konstruktion diese Verformung verhindern. Die andere Möglichkeit wäre, Sturzflüge zu meiden. Aber wie wollen Sie sonst einen Segler ohne Störklappen aus einer Super-Thermikblase herausholen?

Transportfähigkeit

Hier geht es um die Möglichkeit, das Modell zum Startplatz zu bringen, und anschließend, falls es unversehrt geblieben ist, nach Hause zu transportieren. Ganz gleich, ob Sie das Modell im Rucksack, auf dem Gepäckträger eines Fahrrades, im Kofferraum eines PKWs, in einem Kombi oder in einem (eigenen) Autobus oder Campingwagen transportieren - der Autor hat in seiner Jugend Modelle in der Straßen- und Eisenbahn mitgenommen - irgendwann ist einmal die Grenze des Möglichen erreicht.

Daher müssen wir uns überlegen, die Tragflächen mittels Aufsteckenden oder in der Mitte zu teilen. Leider bringt eine geteilte Fläche höheres Gewicht, größere Komplikation und die Gefahr, ein Teil bei der Abfahrt zu vergessen, mit sich. Außerdem müssen Sie ja jetzt auch die Ruderanlenkung teilen. Sollte sich im Flug die geteilte Fläche ein wenig verschieben, so würden sich die Einstellungen von Rudern, Klappen und Störklappen ändern. Hoffentlich bringen Sie Ihr Modell dann noch heil herunter.

Für den Transport von Flächen empfiehlt sich die Verpackung in Noppenplastik. Abgesehen von der Schonung der Oberfläche der Flügel garantiert diese Methode, daß alle Teile des Modells auch am Flugplatz zur Verfügung stehen.

Beim Hantieren, Transportieren und Fliegen Ihres Modelles sollten Sie auch die Schwachstellen des Flügels beachten. Das heißt, vor jedem Start auf kleinste Risse und schwache Knicke achten. Dies ist sicher nicht schwierig, denn Sie selbst haben ja diesen Flügel gebaut!

Die verschiedenen Flügelbauarten

Vollbalsa-Bauweise

Vollbalsaflügel sind sehr einfach zu erstellen. Sie erfordern allerdings sorgfältige Schleifarbeit und eine zusätzliche Oberflächenbehandlung als Schutz vor Feuchtigkeit. Sie eignen sich besonders für kleine Modelle und sind ziemlich bruchfest und leicht zu reparieren. Aus diesen Gründen sind sie bei Freifliegern, Anfängern und Hangakrobaten beliebt.

Unbeplankte Flügel

Diese Flügel benötigen eine Bespannung oder ein Folienfinish. Sie sind leicht, aber wenig drehsteif. Man benötigt viel Zeit zum Bau einer solchen Fläche. Sie sind ein „Muß" bei Nachbauten von Oldtimern. Im Fluge scheinen die Rippen gegen das Sonnenlicht durch, was sehr schön aussieht, und am Boden kann man innere Beschädigungen erkennen, eigentlich ein Vorteil, denn sonst würde man die Bruchstückchen ja nur beim Schütteln hören können! Bei stark gewölbten Profilen empfiehlt sich das Einsetzen von Hilfsrippen zwischen Nasenleiste und dem Holm.

Offene Rippenbauweise

Der Flügel ist aus Holmen und Rippen sowie der Nasen- und der Endleiste aufgebaut. Gegen das Ausknicken der Holme hilft eine Verkastung. Eine Beplankung der Nase fördert die Verdrehsteife. Vom Anfängersegelflugmodell bis zum Kunstflugmotormodell hat man lange Zeit ausschließlich solche Flügel gebaut. Für moderne Höchstleistungssegler mit Laminarprofilen sind sie wegen der unvermeidlichen Ungenauigkeit des Flügelprofils nicht geeignet.

Rippenbauweise mit Rohrholm

Besonders leichte und gleichzeitig biege- und verdrehungssteife Flächen lassen sich mit Rohrholmen aus GFK oder CFK herstellen. Bei Motormodellen würden sich Rohre aus einer Aluminiumlegierung anbieten. Diese, in Verbindung mit Rippen und einer Beplankung aus Aluminium, werden vereinzelt als Baukastenmodelle angeboten.

Diagonalrippen-Bauweise

Hier sind die Rippen zu einem diagonalen Fachwerk verbunden. Das ergibt bessere Verdrehsteifigkeit. Allerdings wird die Luftströmung über dem Flügel durch die hervorstehenden Rippen etwas verwirbelt, was aber bei vielen Freiflugmodellen erwünscht ist. Fälschlich wird diese Bauweise geodätisch genannt (geodätische Linien sind zum Beispiel die Längen-. und Breitengrade der Erde). Geodätische Strukturen großer Flugzeuge wurden aus diagonal verschraubten, gebogenen Leichtmetallprofilen zusammengesetzt. Beschädigte Teile waren leicht auszutauschen. Solche Arbeit ist heute unbezahlbar.

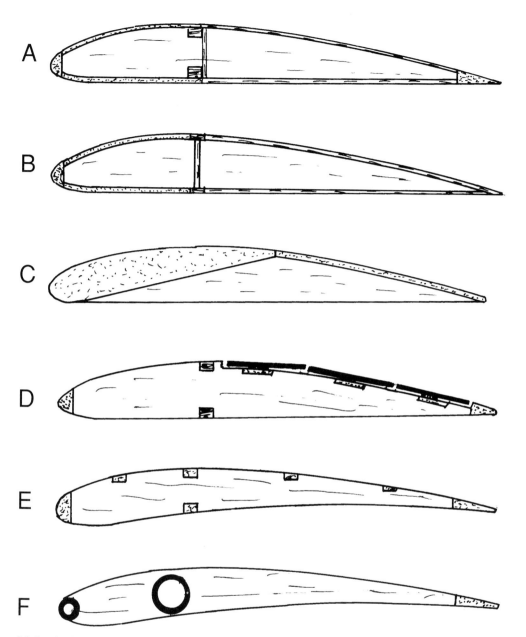

Schnitte durch sechs unterschiedlich aufgebaute Flügel:
A: Flügel mit beplankter Nase und Verkastung der Holme durch Balsastreifen mit senkrechter Faser.
B: Ähnlich, aber mit Brettholm.
C: Vollbalsaflügel. Vorne profiliertes Brettchen, dahinter eine dünne Balsafahne. Formgebung durch untergeklebte Rippen. Unterseite nicht bespannt.
D: Hinter den Holmen ist der Flügel oben ausgespart und trägt drei eingesetzte Leisten zur Montage von Solarzellen. Der kantige Profilverlauf ist bei der Verwendung für Solarflug nicht von Nachteil!
E: Eine Vielzahl von Holmgurten hat dieser Flügel eines Freiflugmodells.
F: Äußerst verdrehsteif ist diese Fläche durch den Einbau eines Rohrholms aus glas- oder kohlefaserverstärktem Kunststoff. Ein kleineres Rohr aus demselben Verbundwerkstoff dient als Nase.

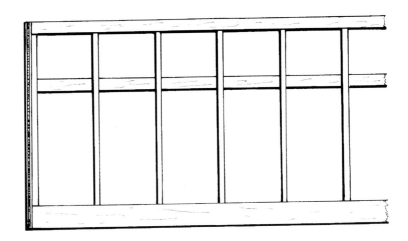

Draufsicht auf zwei Flügel in offener Rippenbauweise. Der obere ist einholmig, der untere zweiholmig aufgebaut. Dieser ist für einen Doppeldecker bestimmt und hat Holmaufleimer zur Befestigung der Stiele - der Streben zwischen den beiden Flächen.

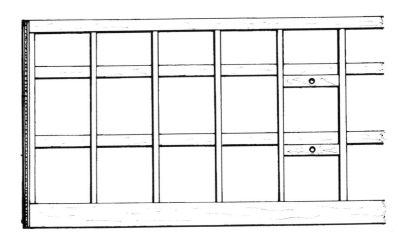

Vor dem Hauptholm besitzt dieser Flügel Rippen in dichtem Abstand, da hier die Profilwölbung groß ist. Dahinter sind die Rippen diagonal angeordnet und ergeben eine hohe Verdrehfestigkeit.

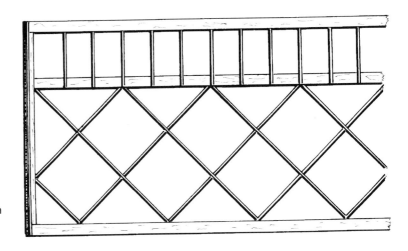

Verspannte Oldtimer-Flächen

In den Anfangstagen der Fliegerei mußte ein Flügelprofil tragfähig, also stark gewölbt, und schnell, also dünn sein. Solche Flügel bieten wenig Widerstand gegen Verbiegung und Verdrehung.

Die Biegekräfte wurden durch eine äußere Drahtverspannung oder eine Verstrebung, die Torsionskräfte durch eine innere Verspannung aufgenommen. Auch hatten die ältesten Vögel keine Querruder. Vielmehr wurden die Flächen durch Steuerseile verwunden. In alten Büchern sprechen die Piloten noch von der Verwindung. Solche Flügel müssen besonders sorgfältig gebaut werden, sehen aber bei Oldtimer-Modellen hervorragend aus.

Leider arbeitet Holz je nach Temperatur und Luftfeuchtigkeit. Die Verspannung mußte daher ständig nachgestellt werden. Andererseits wurden durch ungleiches Verspannen auch Flugeigenschaften verbessert, zum Beispiel das Drehmoment des Propellers, welches das Flugzeug entgegen dessen Drehrichtung rollen lassen will, ausgetrickst.

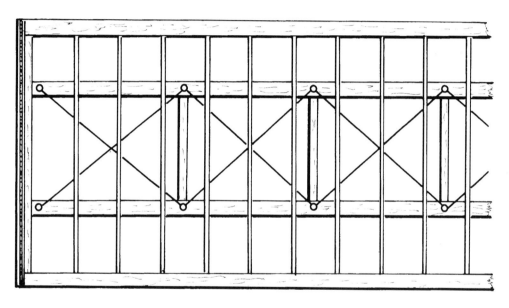

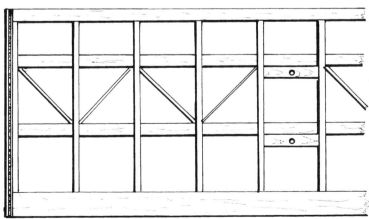

Diese Doppeldeckerflächen sind gegen Verdrehung geschützt. Die untere hat diagonale Streben zwischen den beiden Holmen. Die obere ist durch innenliegende Drähte verspannt. Damit sich die Rippen nicht verziehen, sind an den Anschlägen der Drähte Druckstreben angebracht.

Beplankte Flügel

Flügel mit verdrehsteifer Nase

Ursprünglich sollte die Nasenbeplankung das Einfallen der Bespannung zwischen den Rippen am stark gewölbten Profilanfang verhindern. Antik-Modellbauer verwenden wie vor 50 Jahren Zeichenkarton. Später beplankte man mit Holz. Es zeigte sich aber, daß hierdurch auch die Verdrehung des Flügels vermindert wurde. Wenn man jetzt noch die Holme verkastet, entsteht eine geschlossene Schale. Diese ist hervorragend drehsteif. Die Rippen müssen allerdings um die Stärke der Beplankung dünner geschnitten werden. Einfacher ist es, die gesamten Rippen dünner zu schneiden und hinter der Nasenbeplankung Aufleimerstreifen anzubringen.

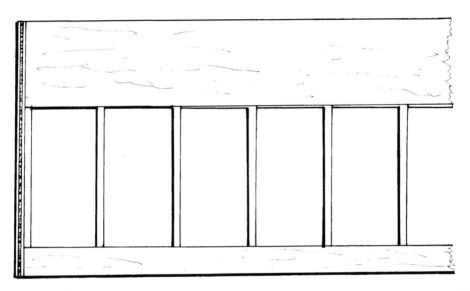

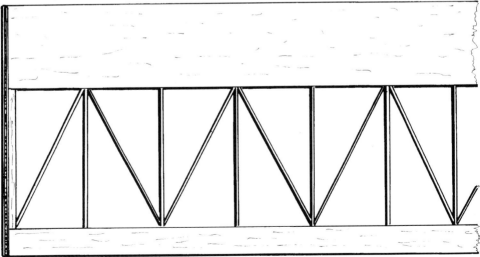

Zwei Flächen mit beplankter Nase. Die Holme sind verkastet. Bei der unteren Fläche sind zusätzlich zwischen Holm und Endleiste diagonale Verstrebungen angebracht.

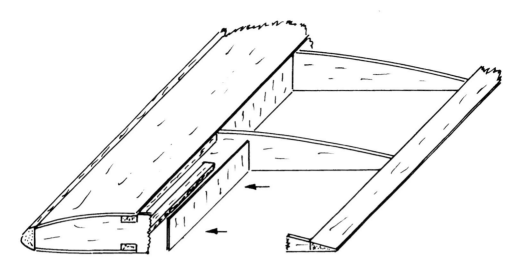

Schema einer beplankten Nase. Die Holme sind durch Balsa- oder Sperrholzstreifen mit senkrechter Faserrichtung verkastet.

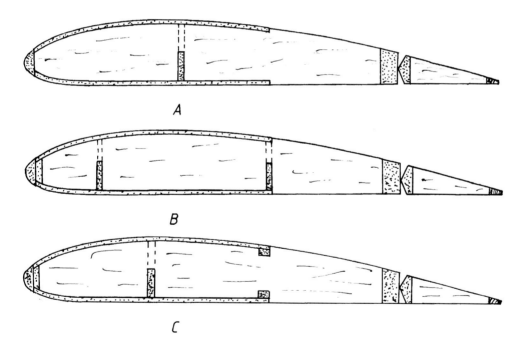

Drei Möglichkeiten, einen Flügel mit beplankter Nase aufzubauen:
A: So wird der Flügel entsprechend dem Baukasten einholmig mit Brettholm und vorgeklebter Nasenleiste aufgebaut.
B: Wie beim großen Vorbild ist dieser Flügel zweiholmig. Daher kann beim Hantieren die Beplankung am Ende nicht eingedrückt werden.
C: Das Eindrücken kann man auch verhindern, wenn man zur Verstärkung der Beplankung Stringer einsetzt.

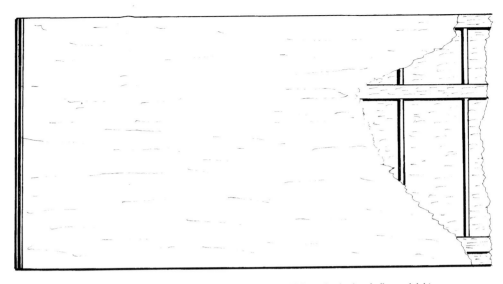

Eine vollbeplankte Fläche, teilweise aufgebrochen. Diese hat noch Holme, da sie den Aufbau erleichtern.

Schalenbauweise

Man kann aber auch die gesamte Fläche beplanken. Dieses Verfahren erhöht die Biegefestigkeit und die Drehsteife. Das Gewicht nimmt nur wenig zu, außer man legt ein Super-Finish mit Glasfasermatte und Auto-Acryllack auf! Verwendet man eine genügend dicke Beplankung, dann erreicht man eine so hohe Festigkeit, daß auf Holme verzichtet werden kann. Allerdings müssen zwischen die Rippen Druckstege eingesetzt werden. Bei sehr großen Flügeln empfiehlt sich das Einsetzen von Stringern. Diese verhindern das Durchbiegen der Beplankung zwischen den Rippen beim Schleifen und das Einknicken beim Flug oder beim harten Anfassen am Boden.

Flügelgrundrisse

Bei Anfängermodellen und bei Motormodellen geringer Spannweite wird man einen rechteckigen Flügelumriß bevorzugen. Alle Rippen haben die gleiche Größe und Gestalt. Daher ist der Aufbau einfach.

Da die Randwirbel an den Flächenenden erheblich zum Luftwiderstand beitragen, wird man bei leistungsfähigen Modellen die Spannweite und damit die Flügelstreckung vergrößern, gleichzeitig aber die Flügeltiefe am Ende verringern. Dies kann mit geraden Vorder- und Hinterkanten, durchgehend oder mit Knick oder elegant bogenförmig geschehen. Letzteres ist aber schwieriger zu bauen.

Knickflügel

Die einfachste Ausführung ist der gerade von der Wurzel bis zum Ende durchlaufende Flügel. Aus Gründen der Flugstabilität haben die meisten Flügel eine V-Form. Das heißt, die Flächenenden liegen höher als die Flächenwurzel.

Anfängermodelle und Wettbewerbssegler haben häufig ein waagerechtes Mittelstück mit V-förmig angesetzten Enden. Dies schont die Flügelenden bei der Landung, welche der Anfänger ja noch nicht beherrscht. Beim Wettbewerb wird dagegen oft eine Punktlandung er-

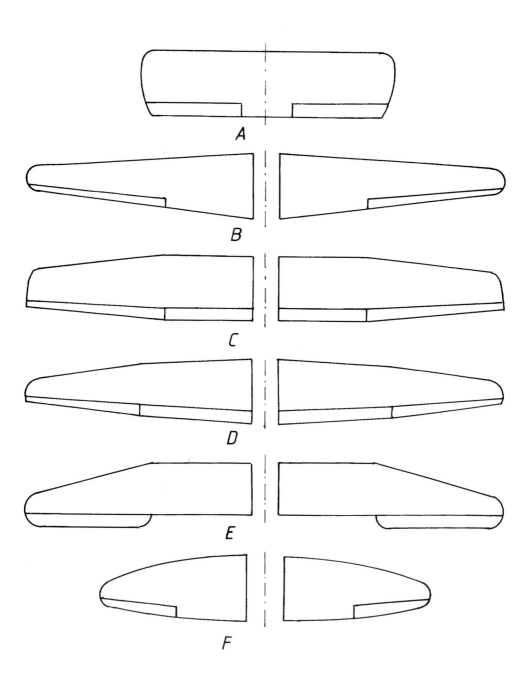

Flügelgrundrisse:
A: Rechteckflügel
B: Trapezflügel
C: Rechteckiges Mittelstück mit trapezförmigen Außenteilen
D: Doppeltrapezform
E: Abgesetzte Querruder
F: Elliptischer Umriß

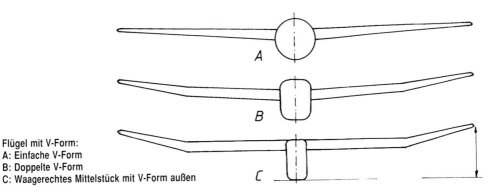

Flügel mit V-Form:
A: Einfache V-Form
B: Doppelte V-Form
C: Waagerechtes Mittelstück mit V-Form außen

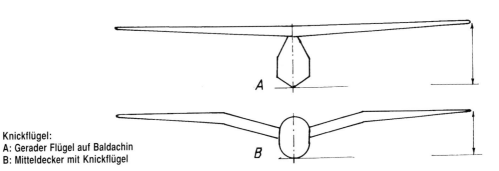

Knickflügel:
A: Gerader Flügel auf Baldachin
B: Mitteldecker mit Knickflügel

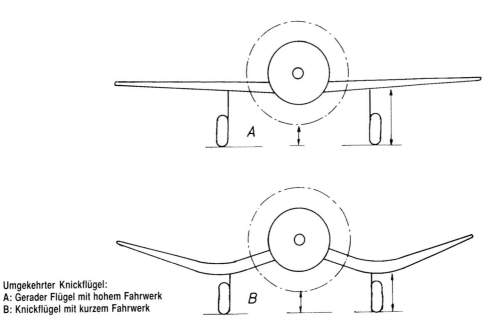

Umgekehrter Knickflügel:
A: Gerader Flügel mit hohem Fahrwerk
B: Knickflügel mit kurzem Fahrwerk

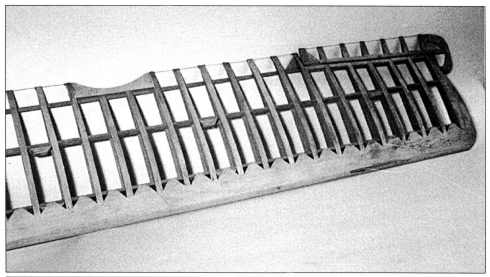

Zweiholmiger Ober- und Unterflügel des Oldtimers Fokker DVII. Querruder nur im Oberflügel. Die Holme sind aus Balsa mit Kiefernleisten verstärkt. Der Querruderholm geht durch den Mittelflügel hindurch. Die Abschlußkante war im Original ein Stahlseil, im Modell Zwirn. Da sich der Flügel nach außen verjüngt, wurden die Rippen im Block bearbeitet. Die Nasenbeplankung ist zwischen den Rippen dreieckförmig nach hinten gezogen zwecks sanfteren Übergangs der Bespannung.

zwungen. Am Boden hakende Flächenenden können da die Punktwertung beeinträchtigen!

Der Möwenknick wurde bei Oldtimer-Seglern viel verwendet, um bei der Landung eine Bodenberührung zu vermeiden. Der umgekehrte Knick war erforderlich, um bei Motorflugzeugen dem Propeller genug Bodenfreiheit zu geben, da gleichzeitig ein kurzes, robustes Fahrwerk für die Landung auf stampfenden Flugzeugträgern oder Behelfsflugplätzen erforderlich war. Solche Knickflügel sind schwierig zu bauen und lohnen sich nur bei naturgetreuen Nachbauten. Im vierten Kapitel wird auf diese Problematik eingegangen. Die folgenden Fotos sollen Ihnen einen Einblick in die Vielfalt der Flügelformen geben.

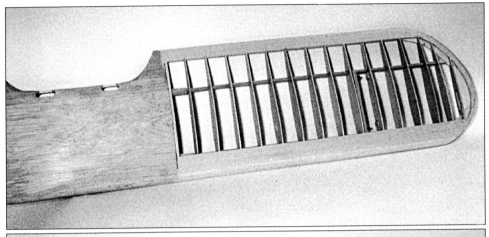

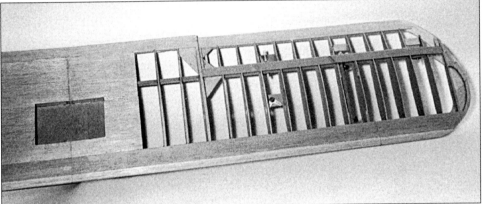

Zweiholmiger Ober- und Unterflügel des Doppeldeckers Stearman PT17. Querruder nur im Unterflügel. Die Bohrungen in den Rippen sind Aussparungen für die Stoßstangen zur Querruderbetätigung. Die Nasenbeplankung dient nur der Formgebung. Der Querruderspalt ist wie beim Original durch einen dünnen Sperrholzstreifen abgedeckt.

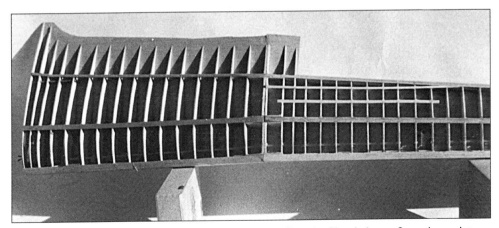

Der Knickflügel eines Seglers - „Reiher" - vor dem Beplanken der Oberseite. Die sehr langen Querruder werden durch zwei Umlenkhebel betätigt.

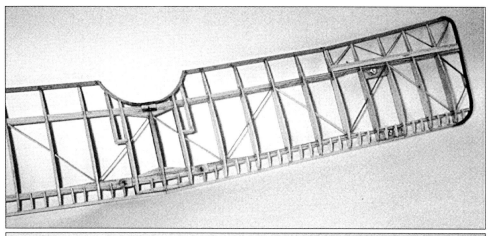

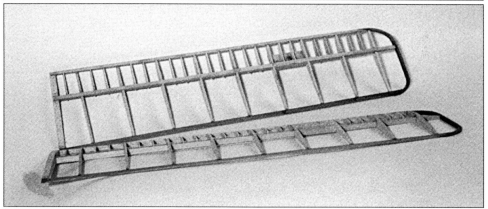

Ober- und Unterflügel einer Nieuport Ni17. Querruder nur im Oberflügel. Der Unterflügel ist einholmig, der Oberflügel zweiholmig gebaut und durch Querstreben zwischen den Rippen gegen Verdrehung gesichert. Der Antrieb der Querruder wird in einem späteren Kapitel beschrieben.

Der umgekehrte Knickflügel einer F4U Corsair vor dem Beplanken der Oberseite. Der Bau eines solchen Flügels mit dem Einbau eines Einziehfahrwerks und von Landeklappen erfordert sehr viel Erfahrung und dann auch noch eine immense Geduld!

Vorbereitungen und Werkstoffe

Welche Vorarbeiten Sie vor dem eigentlichen Bau des Flügels machen müssen, hängt davon ab, ob Sie einen Modellbaukasten erworben haben oder nach einem fremden oder einem selbst entworfenen Plan bauen möchten.

Unabhängig von dieser Wahl sollten Sie sich von Anfang an für eine bestimmte Bespannung oder ein Folienfinish entscheiden. Denn schon während der Herstellung des Flügels müssen Sie je nach gewünschter Endgestaltung bestimmte Prozeduren anwenden oder unterlassen. Vielleicht wird Ihre Entscheidung durch die folgende Zusammenstellung erleichtert:

– Eine Bespannung mit Papier oder Seide erfordert viele zeitraubende Arbeitsgänge, bewirkt aber eine festere Flügelstruktur. Die Oberfläche des Flügels wird in der Regel eine geringe Rauhigkeit aufweisen. Der Unerfahrene wird möglicherweise einen verzogenen Flügel produzieren.
– Eine Bespannung mit Nylongewebe ist ebenfalls zeitaufwendig. Die Festigkeit der Bespannung ist weitaus größer als die der darunterliegenden Flügelstruktur! Daher werden Sie unter einer dicken Lackschicht einen gebrochenen Holm vielleicht nicht entdecken.
– Auch eine Folienbespannung hat für den Ungeübten ihre Tücken. Sie läßt sich aber schnell ausführen und ist gegen Schmutz und Kraftstoffrückstände immun.
– Eine GFK-beschichtete Fläche erfordert einen sehr hohen Arbeitsaufwand. Sie muß anschließend gespachtelt und lackiert werden. Die Fläche erhält dadurch ein vergleichsweise höheres Gewicht. Sie besitzt dann aber eine harte Oberfläche, welche unempfindlich gegen Witterung, Kraftstoffe und ungeschickte Finger ist.

Um Ihnen die Wahl zu erleichtern, seien folgende Beispiele angeführt:

– Ein leichter, nur mit Seiten- und Höhenruder gesteuerter Segler kann mit Folie bespannt werden. Dies ist das schnellste Verfahren. Planen Sie aber beste Langsamflugeigenschaften, so muß die Flügeloberfläche etwas rauh sein. Wollen Sie ohne Störklappen eine Thermikblase im Sturzflug verlassen, benötigen Sie eine starke Flügelstruktur. Das erreichen Sie nur mit einer Papier- oder Seidenbespannung.
– Ein Semiscale-Modell mit umfangreichem Dekor können Sie mit Papier oder Gewebe bespannen und lackieren. Alleine das Abdecken der Muster und Figuren ist eine harte Arbeit. Schlimmer noch, wenn sich beim Abziehen der Abdeckung ein Teil der Lackierung verabschiedet! Hier wäre eine Folienbespannung und anschließende Verzierung mit Klebefolien und Klebebändern wesentlich einfacher. Zwar ist die Folie gegen die meisten Chemikalien unempfindlich, die Schwachstellen sind aber die Foli-

enenden, welche durch Kraftstoff unterwandert werden, so daß sich dort die Folie lösen kann.
- Bei einem voll beplanktem Flügel hat die Beschichtung mit GFK einige Vorzüge. Die Flügeloberfläche ist enorm druckfest. Sie erhalten eine hervorragende Profiloberfläche. Bei einer Lackierung mit Auto-Acryllack ist die Oberfläche völlig unempfindlich. Leider sticht bei einer solchen Oberfläche der kleinste Fehler heraus.

Baukastenmodelle

In Baukästen sind die meisten benötigten Teile eingepackt. Je nachdem, was der Hersteller dem Erbauer zutraut, ist es sehr einfach, die Einzelteile zu unterscheiden, oder man benötigt Stunden, um alle Holme und Rippen zu sortieren, mit der Stückliste und dem Plan zu vergleichen und zu kennzeichnen. Es lohnt sich, all dies sorgfältig zu tun und im Geiste die Folge des Zusammensetzens zu planen! Selten wird man Teile im Baukasten vermissen, gelegentlich jedoch solche doppelt vorfinden.

Danach müssen Sie feststellen, welche Teile, wie z.B. Umlenkhebel, Gabelköpfe, Scharniere, Schrauben und so weiter, dazugekauft werden müssen. Bei britischen und amerikanischen Baukästen empfiehlt es sich, alle Schrauben und Muttern durch solche mit metrischem Gewinde zu ersetzen. Das erleichtert den Austausch oder Ersatz bei Reparaturen. Beginnen Sie auf keinen Fall mit dem Bau, bevor Sie nicht diese zusätzlichen Teile auf den Bauplan gelegt und vielleicht notwendige Änderungen an Ausschnitten, Bohrungen oder Verstärkungen eingezeichnet haben!

Sortieren Sie die Einzelteile, welche meistens in Beuteln verpackt sind, nach Holz-, Metall- und Kunststoffteilen und bewahren diese in Kästchen - vielleicht ist ein Freund Zigarrenraucher oder Schuhverkäufer - auf. Schon vor dem Sortieren der Einzelteile sollten Sie darauf achten, ob zum Beispiel Rippen durch Druck oder Prägung numeriert sind, wie es in deutschen Baukästen üblich ist. Haben Sie einen Import aus den USA erworben, enthält häufig die Bauanleitung eine verkleinerte Zeichnung der gestanzten Brettchen. Übertragen Sie die Nummern sofort auf die Holzbrettchen.

Brettchen mit vorgestanzten Rippen vor dem Herausheben

Vorgefertigte Rippen sind ausgesägt und oft schon beschliffen. Rippen in vorgestanzten Brettchen müssen entweder ausgesägt werden (Sperrholz), oder sie werden aus dem Brettchen ausgehoben (Balsa). Dabei kann man Studien über die Präzision der Schnittwerkzeuge des Herstellers machen. Die besten gestanzten Rippen fallen fast von selbst aus dem Brettchen heraus. Die schlechtesten müssen sorgfältig mit dem Messer befreit werden. Leider gibt es auch importierte Baukästen, bei denen miserable Rippenstanzungen vorkommen. Hier sind die Rippen unterschiedlich in Form und Größe. Für einen voll beplankten Flügel sind solche Rippen unbrauchbar, bei bespannten Flügeln fällt das meistens nicht weiter auf. Im schlimmsten Falle müssen Sie die zu niedrigen Rippen auffüttern (s.u.). Bei Rippen mit Montagefüßchen müssen diese an der Rippe bleiben. Abgefallene oder gebrochene Stücke müssen sofort mit Klebefilm und Blitzkleber oder Hartkleber verbunden werden.

Holmausschnitte sind zu kontrollieren und gegebenenfalls nachzuarbeiten, besonders bei gepfeilten Flügeln. Bohrungen für Gestänge oder Rudermaschinenkabel sind zu bohren. Fasernde Rippenränder sind vorsichtig nachzuschleifen. Stark zerfaserte Rippen werden am besten durch neu ausgeschnittene ersetzt. Achten Sie auf unterschiedliche Rippen für den Einbau von Umlenkhebeln oder Querrudern.

Alle Rippen sollten wie auf dem Plan numeriert werden. Sortieren Sie linke und rechte in je einem Pack. Sorgen Sie dafür, daß leichte und schwere Rippen jeweils gleichmäßig verteilt werden.

Gelegentlich werden Sie bei Importbaukästen feststellen, daß die Rippenstanzungen sehr ungleichmäßig sind. In diesem Falle sollten Sie die zu klein geratenen Rippen mit schmalen Balsastreifen auffüttern und alle Rippen danach im Block auf gleiche Größe schleifen.

Holme, Nasen- und Endleisten sind meistens gebündelt. Entnehmen Sie der Stückliste die Querschnitte und Längen, und messen Sie die Holzleisten genau nach! Kennzeichnen Sie die so gefundenen Leisten! Sollte Ihnen die Zuordnung der Leisten, besonders bei ausländischen Baukästen, rätselhaft erscheinen, so sollten Sie dies am nächsten Tag, ausgeschlafen, noch einmal versuchen. Vielleicht hat die Qualitätskontrolle des Herstellers versagt, oder Sie haben bei der Umrechnung der Zollmaße einen Fehler gemacht.

Kontrollieren Sie alle Leisten auf geraden und verdrehungsfreien Verlauf. Verfolgen Sie den Verlauf der Jahresringe. Sortieren Sie fehlerhafte Stücke aus und fertigen oder kaufen andere, einwandfreie Leisten.

Vielleicht lohnt es sich, die Brettchen nach Entfernung der Rippen ebenfalls zu kennzeichnen und aufzuheben, falls Ersatz gebraucht wird. Man kann sie als Schablonen für das Anreißen von Ersatzrippen verwenden. Der Autor hat auch schon alle Rippen mit Bleistift auf Papier umrissen oder einen Rippensatz auf dem Kopiergerät kopiert, allerdings mit unscharfen Umrissen infolge der Rippendicke. Früher waren Baukastenhersteller so nett und haben alle Rippen auf dem Plan aufgezeichnet. Heute macht das keiner mehr. Immerhin bieten manche einzelne Flügelbausätze an.

Nachdem Sie alle Teile sortiert haben, warten Sie bitte noch mit dem Öffnen der Leimtube!

Überlegen Sie zuerst den Einbau der Fernsteuerung, die Anordnung von Klappen, Rudern und Ruderscharnieren. Welche Rippen haben tiefere Holmausschnitte? An welchen Rippen werden Brettchen für Umlenkhebel eingesetzt? Wie werden Rudergestänge oder Züge durch Rippen geführt?

Besonders schwierig wird die Vorbereitung, wenn man für die Querruder anstelle von zentralen Rudermaschinen getrennte, im Außenflügel eingebaute Rudermaschinen vorsieht. Ähnliche Probleme bietet die Umstellung von einem im Bauplan vorgesehenen festen Fahrwerk auf ein Einziehfahrwerk. Im Kapitel „Ruder, Klappen, Fahrwerke" werden diese Möglichkeiten ausführlich behandelt. Solche Pro-

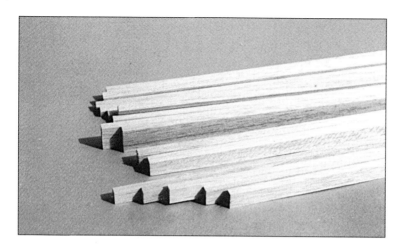

Leisten, nach Querschnitten sortiert

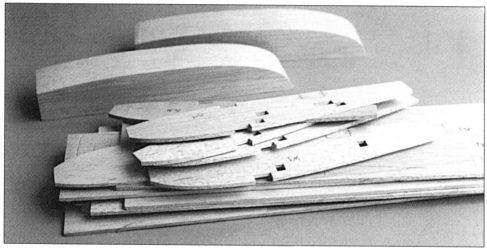

Brettchen mit Stanzteilen und ausgelösten Rippen, dahinter Klötze für Randbogen.

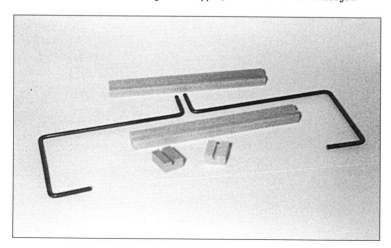

Fahrwerksträger und vorgebogene Fahrwerke

bleme sollten vor Baubeginn gelöst werden. Kopieren Sie den entsprechenden Teil des Bauplans! Zeichnen Sie die gewünschten Änderungen ein, und prüfen Sie, ob die Änderung funktionieren könnte. Dies erfordert manchmal mehrere Stunden Konstruktionsarbeit, ist aber sinnvoller angewandt, als später mit Messer und Stechbeitel Holz herauszubrechen. Außerdem ist dies eine gute Vorübung für den Entwurf einer eigenen Konstruktion.

Bau von Flügeln nach Plan

Wenn Sie Flügel nach Plan bauen wollen, müssen Sie sich die notwendigen Werkstoffe besorgen und die Einzelteile selbst anfertigen.

Auswahl der Hölzer

Unser wichtigster Werkstoff ist Holz, daneben sind noch metallische Werkstoffe - Bleche, Profile, Fertigteile - sowie Kunststoffe, Grundierungen, Klebstoffe, Bespannstoffe und Lacke notwendig.

Da Holz nicht hergestellt wird, sondern natürlich gewachsen ist, hängen dessen technologische Eigenschaften vom Standort, Klima und Umweltbedingungen ab. Im Gegensatz dazu können andere Werkstoffe wie Stahldrähte, Messingrohre, Glasfasern und Kunststoffolien durch kontrollierte Fertigung den Anforderungen angepaßt und ihre Eigenschaften gewährleistet werden.

Folgende Arten von Hölzern haben sich beim Bau von Modellflugzeugen bewährt:

– Balsaholz gestattet auf Grund seiner geringen Dichte große Dicken, und damit steife Konstruktionen.
– Kiefernholz ist relativ leicht und fest.
– Buchenholz ist schwer, aber hart - widerstandsfähig gegen Eindrücken.
– Ahorn und Nußbaum sind sehr elastisch - günstig für Teile, welche Stößen ausgesetzt sind.
– Abachi ist relativ leicht und sehr fest. Es läßt sich gut verschleifen.
– Für besondere Zwecke wird auch Linde und Pappel eingesetzt.

Da wir keine Blockhütte, sondern ein Flugzeug bauen wollen, müssen wir das Holz zugeschnitten kaufen. Dabei haben wir die Wahl zwischen geschnittenem Holz, also Brettchen, Bohlen, Leisten, Furnier - also dünnen Holzplättchen - und verleimtem Holz (Sperrholz). Andere Produkte, wie Stäbchenplatte, Spanplatte und Preßspan, können wir, hauptsächlich wegen deren höherem Gewicht, nicht verwenden.

Sperrholz besteht aus Holzfurnieren, welche wechselnd gekreuzt verleimt sind. Dadurch werden die je nach Faserrichtung unterschiedlichen Festigkeiten und Schrumpfungen vermindert. Trotzdem bietet Sperrholz keine Gewähr für verzugsfreie Bauteile. Bei der Auswahl von Hölzern ist auf folgende Kriterien zu achten:

– Festigkeit
– Freiheit von Verzug
– Faserverlauf des Holzes
– Gewicht
– Verarbeitungsmöglichkeiten
– Preis

Balsaholz

Balsaholz wird in Form von Brettchen, Bohlen, Blöcken, Profilleisten und als Sperrholz geliefert. Es gilt als sehr leicht. Leider ist die Dichte, sogar auf einem Brettchen, sehr unterschiedlich. Sie schwankt zwischen 0,1 und 0,3 Gramm pro Kubikzentimeter.

Die Festigkeit schwankt mit der Dichte. Es gibt leichte Brettchen, welche zwischen den Fingern zerbröseln, und schwere, welche nur mühsam mit dem Messer zu trennen sind.

Eine weitere Einteilung ergibt sich als Folge der Schnittrichtung der Brettchen aus dem Baumstamm. Beim Radialschnitt verlaufen die Markstrahlen fast parallel und die Jahresringe

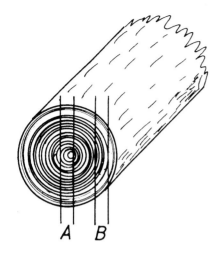

Ein Holzstamm und zwei Schnitte:
A: Radialschnitt, Jahresringe senkrecht, ergibt hartes Brettchen.
B: Tangentialschnitt, Jahresringe schräg, ergibt weiches Brettchen.

Drei Sorten Balsaholz:
Linkes Brettchen Radialschnitt, hart und schwer.
Mittleres Brettchen schräg geschnitten, von links nach rechts härter werdend.
Rechtes Brettchen Tangentialschnitt, weich und leicht.

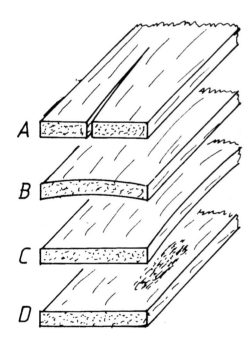

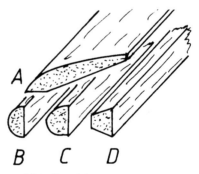

Formgefräste Nasenleisten:
A: gefräste Balsabohle für den holmlosen Flügelaufbau
B und C: fertige Nasenleisten
D: Diese vorgefräste Nasenleiste muß noch auf Form geschliffen werden.

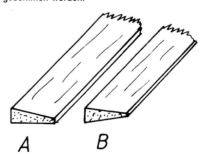

Häufige Holzfehler:
A: Risse
B: krumme Leisten und Streifen
C: verdrehte Hölzer
D: Poren und Löcher

Formgefräste Endleisten:
A: unsymmetrisch
B: symmetrisch

senkrecht zur Oberfläche. Diese Brettchen sind hart und steif. Aus ihnen sollte man hochbelastete Teile wie Holme schneiden. Beim Tangentialschnitt verlaufen die Markstrahlen senkrecht und die Jahresringe fast parallel zur Oberfläche. Diese Brettchen sind sehr biegsam. Sie eignen sich für Nasenbeplankungen.

Die meisten Brettchen liegen zwischen diesen beiden idealen Schnittmustern. Wir können sie weder als Holme noch als Beplankung verwenden, aber wir wollen ja Rippenflächen bauen - viele, viele Rippen und Holmverkastungen.

Brettchen, welche einen wechselnden Faserverlauf haben oder verzogen sind, sollte man möglichst nicht verwenden. Das gilt auch für Brettchen mit Verfärbungen und Rissen.

Sperrholz

Sperrholz besteht aus mehreren im Faserverlauf gekreuzt verleimten Furnierschichten. Übliches Sperrholz ist aus nur wenigen Schichten hergestellt, und die Astlöcher der einzelnen Schichten sind ausgebessert. Hochwertiges Sperrholz besteht dagegen aus vielen, sehr dünnen Lagen und ist wasserfest verleimt. Astlöcher treten nicht auf. Die teuersten Sorten tragen einen Prüfstempel des Germanischen Lloyd und sind zum Bau manntragender Flugzeuge zugelassen. Jede Platte ist einzeln auf Fehlstellen durchleuchtet - für unsere Zwecke zu teuer.

Sperrholz wird aus den unterschiedlichsten Laubholzarten hergestellt:

- Balsasperrholz, sehr leicht und teuer.
- Birkensperrholz, erkennbar an der hellen Farbe, ist geschmeidig, und hat etwa die Dichte 0,65 g/cm^3.
- Buchensperrholz, bräunlicher gefärbt, ist etwas spröder und hat etwa die Dichte 0,75 g/cm^3.
- Pappelsperrholz wurde in der Frühzeit der Fliegerei für Rippen verwendet, da seine Dichte nur etwa 0,45 g/cm^3 beträgt. Heute taucht es wieder im Fachhandel auf. Es ist etwas preisgünstiger als Birkensperrholz.

Abachi

Abachi ist relativ leicht, gleichmäßig gefasert und gut schleifbar. Es wird meist als Furnier für die Beplankung von Flächen mit Schaumkernen verwendet, also nichts für dieses Buch. Allerdings gab es schon vor 30 Jahren Abachirippen in einem Baukasten.

Abachileisten eignen sich als Nasenleisten für große Segler. An übermäßig beflogenen

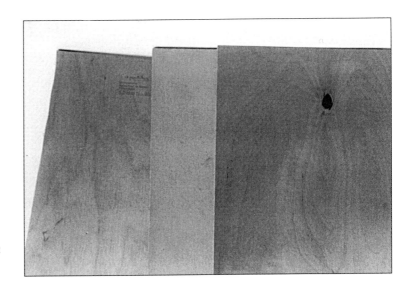

Drei Sorten Sperrholz (von links)::
Buche, Pappel, Birke

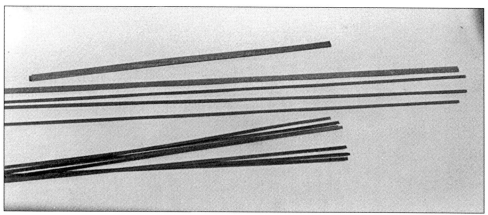

Nußbaumholzstreifen

Hängen überstehen solche Flächen fast jeden Zusammenstoß! Sie lassen sich ebenfalls gut als Nasenleisten für Oldtimermodelle verwenden.

Kiefer

Dieses Nadelholz ist relativ leicht - Dichte 0,56 g/cm³, fest und elastisch. Wir verwenden es in Form von Rechteckleisten. Beim Aussuchen von Kiefernleisten müssen wir folgende Gesichtspunkte beachten:

- Freiheit von Verzug
- Verlauf der Jahresringe in Längsrichtung
- Verlauf der Jahresringe im Querschnitt
- Anzahl der Jahresringe pro cm
- Verfärbungen und Risse

Andere Hölzer

Ahorn ist sehr elastisch. Man kann aus Ahornleisten Flächenverbindungen fertigen, muß allerdings das Holz bei einem Schreiner heraussuchen und zuschneiden lassen.

Nußbaum ist ebenfalls sehr elastisch. Schiffsmodellbauer verwenden Nußbaumleisten als Decksbeplankung. Wir fertigen aus mehrfach verleimten, gebogenen Leisten unverwüstliche Randbögen. Dünne Nußbaumleisten ergeben fast unzerbrechliche Endleisten für Oldtimermodelle.

Ebenfalls für Randbögen können Patentbiegeleisten aus speziell behandeltem (gekochtem) Buchenholz verwendet werden. Da sie aber zu biegsam sind, ist ihr Einsatz nicht zu empfehlen.

Buchenrundstäbe finden hauptsächlich als Dübel zur Flächenbefestigung oder als Schubstangen für Ruder Verwendung.

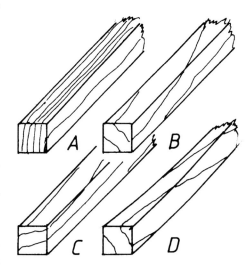

Kiefernleisten:
A: Dichter, gerader Verlauf der Jahresringe. Ideal.
B: Schräge Jahresringe. Ungünstig.
C: Weiter Abstand der Jahresringe. Ungünstig.
D: Krumme Leiste. Unbrauchbar.

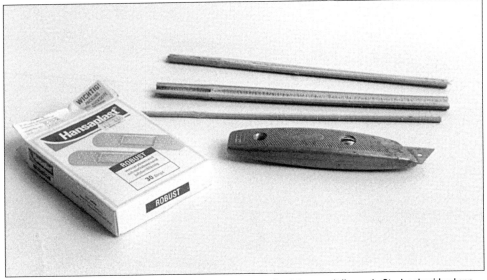

Bambusrohr und abgespaltene Streifen. Diese sind so scharfkantig, daß man mit ihnen ein Steak schneiden kann. Daher halten Sie bitte Pflaster bereit!

Buchenleisten werden oft als Motorträger verwendet. Das Holz ist sehr spröde. In Flügelkonstruktionen sind sie als Trägerleisten für Einziehfahrwerke brauchbar.

Linde hat keine Jahresringe, daher läßt sie sich, ohne zu splittern, gut schnitzen. In importierten Baukästen wird dieses Holz als Amerikanische Linde (lime wood oder bass wood) bezeichnet und für Holme, Nasen- und Endleisten verwendet.

Kein Holz, sondern eine Grasart ist Bambus. Bambusstäbe sind sehr leicht, da sie hohl sind, sehr elastisch und hochfest. In der Anfangszeit der Fliegerei wurde Bambus aus diesen Gründen häufig für Rumpfgurte und Randbogen verwendet. Für unsere Zwecke sind Bambusstangen natürlich viel zu groß im Durchmesser. Außerdem stören die typischen Knoten. Bei Antik-Modellen wurden Randbogen aus Bambus, allerdings aus gespaltenen Streifen, welche durch Erhitzen biegsam gemacht wurden, gefertigt. In dünnsten Querschnitten ist Bambus viel fester als Kiefer, daher lohnt sich die Verwendung für sehr dünne, auf Zug beanspruchte Streben.

Klebstoffe

Wir unterscheiden folgende Arten:

– Lösungsmittelkleber
– Kontaktkleber
– Reaktionskleber
– Heißkleber

Lösungsmittelkleber

Dies sind in einem leicht verdunstenden Lösungsmittel gelöste Stoffe wie Nitrozellulose oder in Wasser emulgierte (aufgeschwemmte) Kunstharze. Im einzelnen sind dies:

– Zellulosekleber, die leicht entflammbar sind. Der Name Schnellkleber auf der Tube täuscht. Zwar verdunstet das Lösungsmittel an der Oberfläche schnell, der oberflächliche Film hemmt aber das Entweichen des Lösungsmittels aus der Tiefe. Das Lösungsmittel greift je nach chemischer Zusammensetzung Kunststoffe wie zum Beispiel Hartschaum an. Solche Kleber erkennt man am angenehmen Geruch. Essig-

artig riechende Kleber haben ein anderes Lösungsmittel, welches Schaumstoffe nicht zerfrißt.
- Weißleime sind Kunstharz-Wasser-Emulsionen. Bei genügender Pressung dringen Wasser und Kunststoff schnell in das Holz ein. Dadurch ergibt sich bei genauer Passung eine Verzahnung zwischen Kunstharz und Holz, welche hochfest ist, sowie ein schnelles Abbinden. Im allgemeinen kann die Pressung schon nach einer halben Stunde entfernt werden. Eine genaue Passung der Klebeflächen ist aber für einen durchschnittlichen Modellbauer schwierig zu gewährleisten.

Kontaktkleber

Wo keine Pressung bei großflächigen Werkstücken möglich ist oder wo die Werkstoffe nicht porös sind wie bei Metallen, kann das Lösungsmittel nicht einziehen oder nicht vollständig verdunsten. Hier werden beidseitig Kontaktkleber aufgebracht und nach dem Verdunsten des Lösungsmittels kurz zusammengedrückt. Falsch angebrachte Teile lassen sich nicht mehr lösen.

Reaktionskleber

Epoxidharze werden als Binder und Härter oder als Harz „A" und Harz „B" im vorgeschriebenen Verhältnis gemischt und aufgetragen. Das Aushärten erfolgt auf Grund einer chemischen Reaktion. Diese kann zwischen fünf Minuten und einem Tag dauern. Folgendes sollte bedacht werden:

- Epoxidharze sind, unausgehärtet, gesundheitsschädlich.
- Der Name Härter ist irreführend. Ein Übermaß an „Härter" bewirkt Erweichung.
- Die Sorten mit extrem kurzer Abbindezeit haben eine für uns ungenügende Endfestigkeit. Eine Erwärmung der Klebestelle bescheunigt das Aushärten und erhöht die Endfestigkeit.

Blitzkleber auf Cyanoacrylat-Basis enthalten bereits die beiden benötigten Substanzen und zusätzlich einen Inhibitor, der das Aushärten verhindert. Bei Luftzutritt wird durch die Luftfeuchtigkeit der Inhibitor zerstört, und die Aushärtung erfolgt, hoffentlich schnell, denn das hängt von Luftfeuchtigkeit, Temperatur und

Verschiedene Leime: Hartkleber, Weißleim, Epoxydharz und Blitzkleber.

dem Alter des Produktes ab. Wenig bekannt ist, daß auch Kunststoffläschchen luftdurchlässig sind. Luftfeuchtigkeit tritt im Laufe der Zeit ein, und ein altes Fläschchen kann bereits ausgehärteten Kleber enthalten.

Heißkleber

Diese sind zu elastisch und daher für Flugmodelle nicht zu gebrauchen.

Andere Leime

Die früher verwendeten Kaltleime und Kauritleime sind für unsere Zwecke nicht geeignet, da sie dünnste Leimfugen erfordern, welche wir mit unseren Mitteln und Erfahrungen nicht erzielen können.

Klebelacke und Grundierungen

Diese dienen der Oberflächenbehandlung und der Verbesserung der Haftung von Bügelfolien, Bügelgeweben oder einer Bespannung.

Holzoberflächen sind schwirig zu glätten, denn die Holzfasern werden beim Schleifen zwar niedergedrückt, richten sich aber anschließend durch Aufnahme von Feuchtigkeit oder von Lacken auf. Die dadurch verursachte Rauheit kann man mit dem Finger ertasten. Wir müssen also die Fasern nach dem Aufrichten abschleifen, doch davon später.

Zum anderen reißen beim Schleifen Holzfasern aus und hinterlassen längliche Gruben. Die Vertiefungen müssen gefüllt werden, und zwar mit Porenfüller. Dies ist eine Art Zelluloselack mit einem hohen Anteil von Füllmitteln. Falls erforderlich, wird auch eine Spachtelmasse zum Füllen größerer Vertiefungen verwendet. Trotzdem wird selbst eine hervorragend behandelte Holzoberfläche auf Grund der unterschiedlichen physikalischen Eigenschaften von Holz und Füllmitteln seine Holzstruktur nie verlieren. Für manche Modelle ist dies aerodynamisch von Nachteil. Besitzer von Oldtimermodellen und Liebhaber von Echtholzmöbeln wissen diese Eigenschaft aber zu schätzen.

Bei folienbespannten Flügeln darf nicht grundiert werden, ein Haftverbesserer ist aber zu empfehlen. Die Möglichkeiten der Oberflächenbehandlung und des Bespannens und des Folienüberzuges werden Kapitel „Fertigstellen" ausführlich dargestellt.

Kunststoff- und Metallteile verbinden sich nicht ohne weiteres mit Bügelfolien oder -geweben. Sie müssen vorher mit einem gut haftendem Klebelack eingestrichen werden. Dasselbe gilt für das Bespannen mit Seide oder Perlon. Für Metallflügelstrukturen werden besondere Klebelacke in den Bausätzen mitgeliefert. Bei Holzstrukturen kann man den Klebelack zum Beispiel durch Mischen von Spannlack mit Hartkleber selbst herstellen.

Bespannstoffe

Hier unterscheiden wir die unterschiedlichsten Werkstoffe:

– sehr empfindliche und leichte Zellulosefilme
– Papier
– Seide
– äußerst robustes Nylon
– Bügelfolien
– Bügelgewebe

Einem Spinnengewebe vergleichbar ist die hauchzarte Bespannung eines Saalflugmodells mit Mikrofilm. Seit Jahrzehnten ist dieses Material nicht mehr in den Katalogen aufgeführt. Mikrofilm wird als Flüssigkeit geliefert. Er ist eigentlich ein dünnflüssiger Zelluloselack. Die Flüssigkeit wird tropfenweise auf die Wasseroberfläche in einer Schüssel gegossen, das Lösungsmitel verdunstet, und der verbleibende, hauchdünne Zellulosefilm wird mit einem Rahmen abgeschöpft und über den Flügel gelegt. Dort haftet er, allerdings auch an Fingern oder an der Decke der Westfalenhalle, falls dort ein Saalflugwettbewerb stattfindet.

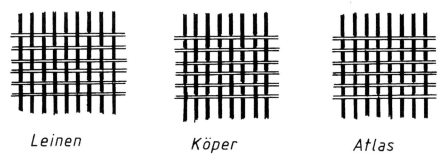

Was auch manche Hausfrau nicht weiß: die unterschiedlichen Bindungen gewebter Stoffe.
Leinenbindung: So sind unsere Bespannstoffe und der größte Teil der Glasfasergewebe gewebt.
Köperbindung: Einige Glasfasergewebe sind derart hergestellt. Sie lassen sich besser um Wölbungen ziehen.
Atlasbindung: Dieses Gewebe ist besonders dicht. Daher wurde es früher zwecks geringeren Spannlackverbrauchs für manntragende Segelflugzeuge empfohlen.

Bespannpapier gibt es in mehreren Sorten, unterschieden in der Dicke, also Dichte (Gewicht pro dm^2), Farbe und Herkunft. Papier läßt sich trotz seiner scheinbar geringen Festigkeit problemlos verarbeiten und gibt darüber hinaus, nach entsprechender Lackierung, dem Flügel eine enorme Festigkeit.

Gewebe können aus Naturfaser oder Kunstfaser hergestellt werden. Für unsere Zwecke kommt auf Grund des niedrigen Gewichts als Naturfaser nur Seide zur Verwendung. Große Flugzeuge wurden bis vor etwa 40 Jahren auch mit Leinen bespannt. Auch dort verwendet man heute Kunstfasern. Nylon und Perlon haben eine sehr hohe Festigkeit, wiegen aber auch mehr als Seide.

Auch die Webart hat Einfluß auf die Verarbeitung im Modellbau. Gewebe mit Leinenbindung hat unterschiedliche Dehnung in Richtung von Kette und Schuß. Köperbindung läßt sich besser um räumliche Bögen ziehen. Handelsübliche Gewebe für den Modellbau haben Leinenbindung. Köperbindung steht nur bei Glasfasergeweben zur Wahl.

Seide läßt sich nicht so einfach wie Papier verarbeiten, da sie sich als Gewebe leicht an Unebenheiten der Holzoberfläche festhakt. Die Festigkeit der Seidenbespannung ist nicht höher als die von Papier, das Aussehen aber besser. Oldtimermodelle wirken mit Seide erst originalgetreu.

Nylon ist ebenfalls nicht einfach zu verarbeiten. Da es kaum schrumpft, muß die Bespannung von Anfang an straff aufgebracht werden. Die Festigkeit der Nylonbespannung ist so hoch, daß Sie nach einem Totalschaden keinen zusätzlichen Transportbeutel benötigen.

Ein besonderer Stoff ist Bespann-Vlies. Hier sind die Fasern regellos angeordnet. Vlies läßt sich leichter als Gewebe um stark gerundete Teile legen. Beim Flügel gibt es so etwas nur an Randkappen.

Bügelfolie

Folien lassen sich schnell aufbringen, sind sehr glatt, bereits eingefärbt und äußerst elastisch. Daraus ergibt sich, daß sie im allgemeinen nicht zur Festigkeit der Flügelstruktur beitragen. Auf Grund ihrer glatten Oberfläche haften auch Schmutz und Treibstoffreste kaum an ihnen. Folienoberflächen lassen sich also leicht reinigen. Bei entsprechendem Geschick und Erfahrung lassen sich Folien auch auf gewölbten Oberflächen stark verformen, also anpassen. Nachteilig ist das Unterkriechen von Flüssigkeiten, z.B. Kraftstoffen, an den Foliennähten.

Folien sind Kunststoffe, also Polyäthylen oder Polyester oder andere. Charakteristisch für Kunststoffe ist deren „Gedächnis". Wird eine Kunststoffolie tiefgezogen, so wird sie bei Erwärmung versuchen, ihre ursprüngliche Form wieder einzunehmen. Bei der Herstellung von Kunststoffolien wird der erwärmte Kunststoff in einer Strangpresse zu einem Schlauch ausgepreßt. Dieser wird sofort durch Druckluft aufgebläht und danach aufgeschnitten. Anschließend wird die Folie gereckt. Durch spätere Erhitzung will sie wieder in den ursprünglichen Zustand zurückkehren, sie schrumpft.

Selbst Kunststoffe der gleichen Familie sind unterschiedlich. Wenn Sie einmal einen Betrieb für Folienproduktion besichtigen, werden Sie Rohmaterialien der verschiedensten Hersteller finden. Hersteller „A" liefert einen Kunststoff mit dem Molekulargewicht 20.000, Hersteller „B" einen solchen mit 25.000 und Hersteller „C" einen mit 30.000. Der Folienproduzent testet nun alle möglichen Mischungen und produziert danach seine Folie. Folien unterschiedlicher Hersteller haben also trotz scheinbar gleicher chemischer Beschaffenheit unterschiedliche Eigenschaften. Darüber hinaus sind Farbstoffe und Klebstoffe verschieden.

Eine gute Bügelfolie haftet perfekt auf jedem Untergrund, läßt Falten leicht verschwinden und verleiht dem Flügel Festigkeit. Eine schlechte Bügelfolie löst sich im Flug von der Fläche (wenn sie farbig ist, kann man sie leicht wiederfinden), bringt auf Wölbungen häßliche Falten und verhindert kaum eine Verformung der Fläche.

Es gibt auch Folien ohne Kleber. Hier muß vor dem Aufbringen der Folie ein Spezialklebstoff auf die Flügelstruktur aufgetragen werden. Diese zusätzliche Arbeit spart allerdings an Gewicht, da nicht die gesamte bespannte Fläche mit Kleber versehen ist.

Es bleibt Ihnen daher nicht erspart, auf eigene Versuche oder auf den Rat wirklicher Experten zurückzugreifen! Man kann aber davon ausgehen, daß die teuersten Folien die besten sind.

Bügelgewebe

Für große Modelle, besonders Doppeldekker oder Oldtimer, sollte man Gewebe verwenden, da es eine größere Festigkeit als Folie hat. Die Verarbeitung von Bügelgewebe ist ähnlich der von Bügelfolie. Die Textilbasis des Gewebes ist Nylon.

Metalle

Im Flugmodellbau verwenden wir folgende Metalle:
– Stahl
– Messing
– Aluminium
– Alu-Legierungen

Stahldraht

Stahldrähte sind aus kaltgezogenem Federstahl hergestellt. Die außergewöhnlich hohe Festigkeit dieser Drähte erschwert die Verarbeitung, zum Beispiel das Trennen und das Biegen. Sie werden in kleineren Durchmessern für Ruderbetätigungen, in größeren Durchmessern für Flächenbefestigungen leichter Modelle verwendet.

Ein weiteres Produkt ist Drahtlitze, bei uns als Fesselflugleine im Handel. Sie eignet sich hervorragend als Verspannung kleinerer Oldtimerflächen und als Seiten- und Höhenruderbetätigung.

Flachstähle

Flachstähle sind ebenfalls kaltgezogene Federstähle mit den eben genannten Eigenschaften. Sie werden als Flächenbefestigungen mittelgroßer Modelle verwendet. Gebräuchliche Querschnitte sind 1,0x10,0 mm und 1,5x15,0 mm. Achten Sie auf die Nullen hinter dem Komma! Probieren Sie, ob Ihr Flachstahl in die entsprechende Messingführung hineinpaßt!

Rundstähle

Rundstähle sind als Flächenbefestigung von Großseglern sehr gesucht. Sie sind vergütet (wärmebehandelt) und präzise in Durchmesser und Rundheit. Kurz gesagt: Sie werden nicht für uns, sondern für den Maschinen- und Kraftfahrzeugbau hergestellt. Entsprechend ist ihr Preis.

Stahlrohre

Stahlrohre sind schwer aufzutreiben. Präzisionsstahlrohre werden in Durchmessern von 3 bis 10 mm und mit Wandstärken von 0,2 mm bis 0,5 mm, Bremsleitungsrohre für Kraftfahrzeuge in größeren Wandstärken, außerdem verzinkt, vertrieben. Diese müssen zur Verlegung biegsam sein, sind also für unsere Zwecke weniger geeignet. Was wir eigentlich brauchen, sind Rohre kleinen Durchmessers und geringer Wandstärke aus legierten Stählen. Aber selbst für große Flugzeuge sind solche Sorten nicht mehr erhältlich. Beim Bau vorbildgetreuer Flügel können wir Präzisionsstahlrohre als Endleisten und als Randbogen einsetzen.

Messing

Messingrohre werden als Führung für Stahldrähte benötigt. Sie sind entweder rund mit Außendurchmessern von 2 bis 11 mm - achten Sie auf unterschiedliche Wandstärken - oder flach mit den Maßen 2,2x11,0 mm oder 2,5x16,0 mm. Probieren Sie, ob der entsprechende Stahl in das Messingrohr hineinpaßt!

Aluminium

Aluminiumrohre gibt es in zwei Sorten. Die eine ist reines Aluminium, sehr weich, Außendurchmesser 2 bis 10 mm. Diese Rohre lassen sich leicht biegen und dienen als Führungen für Seile und Gestänge.

Die andere Sorte ist eine Aluminiumlegierung (Al Mg oder Al Mn) von höherer Festigkeit. Im Modellbauangebot sind kleinere Durchmesser bis etwa 7 mm, in Baumärkten größere Durchmesser erhältlich. Aus solchen Rohren lassen sich Holme, Stringer und Nasen bauen.

Bleche aus Reinaluminium können als Nasenbeplankung oder als Abdeckung von Rudermaschinen, Hutzen oder Verkleidungen verwendet werden. Reinaluminium läßt sich leicht verformen, kann aber keine Kräfte aufnehmen.

Duraluminiumbleche erreichen fast die Festigkeit von Stahlblechen. Sie können vorteilhaft als Wurzelrippen oder als Zungen zur Flächenbefestigung verarbeitet werden. Beim Biegen von Duraluminiumblechen darf ein von der Blechdicke abhängiger Biegeradius nicht unterschritten werden, da sonst das Blech bricht.

Kunststoffe und abgewandelte Naturstoffe

Hier unterscheiden wir folgende Sorten:
– geschäumte Platten
– massive Platten
– Rohre
– Rovings = Faserbündel
– Gewebe

Schaumstoffe, Platten und Rohre

Schaumstoffe wie Styropor, Poresta, Roofmate oder ähnliche können auch als Werkstoff für Rippen und Holme verwendet werden. Diese Werkstoffe sind leicht und von geringer Festigkeit. Daher können wir durch größere Querschnitte, bei gleichem Gewicht wie bei Holzkonstruktionen, die gleiche Festigkeit erreichen.

Platten aus Pertinax, GFK und Plexiglas oder PVC können für Verstärkungen, Abdeckungen oder die Anfertigung von Ruderhörnern verwendet werden. Kunststoffröhren werden hauptsächlich in den Durchmessern 3 mm und 4 mm als Führungen für Rudergestänge benutzt. Sie lassen sich leicht biegen und trennen.

Weitere Kunststoffrohre sind für bestimmte Aufgaben unentbehrlich. Zum Beispiel können Rohre aus Pertinax (Papierbahnen mit Phenolharz getränkt) Bleiballast aufnehmen. Rohre aus GFK (glasfaserverstärkter Kunststoff) oder CFK (kohlefaserverstärkter Kunststoff) dienen entweder als Rudergestänge oder zur Aufnahme von Rundstählen zur Flächenbefestigung. Sie können für leichte Seglerflächen als Holm eingesetzt werden.

Kohlefaserrovings

Sie werden gelegentlich zur Verstärkung von Holmen oder zur Anfertigung von Flächenverbindungsstäben verwendet.

Die Festigkeit von Kohlefasern übertrifft die von Glasfasern. Kohlefasern haben aber eine sehr geringe Bruchdehnung. Im Verbund mit anderen Werkstoffen bricht bei Überlastung die Kohlefaser, darauf sofort auch der übrige Werkstoff. Außerdem muß man mit unterschiedlicher Wärmedehnung solcher Werkstoffkombinationen rechnen.

Glasfasergewebe

Wir benötigen Glasfasergewebe in Verbindung mit Epoxidharzen für die Verstärkung von Flügelmittelteilen sowie zum Beschichten vollbeplankter Tragflächen.

Glasfasergewebe wird in unterschiedlichen Bindungen - Leinen-, Köper- und Atlasbindung - hergestellt. Außerdem gibt es verschiedene Faserstärken, also Gewichtsklassen in Gramm pro Quadratmeter.

Werkzeuge und Hilfsmittel

Welche und wieviele Werkzeuge und vielleicht sogar Werkzeugmaschinen Sie benötigen, hängt davon ab, wieviele Modelle Sie bauen wollen und wie lange Sie planen, Modellbauer zu sein.

Nur mit Hilfe eines Messers, einiger Stecknadeln, Wäscheklammern und etwas Schleifpapier kann man schon einen vergnüglichen Hangflitzer bauen. Das andere Extrem wäre eine Werkstatt mit computergesteuerten Werkzeugmaschinen. Die zweckmäßige Einrichtung liegt wohl in der Mitte. Mit allzu einfachen Werkzeugen lassen sich große Modelle nicht präzise genug fertigen. Eine supermoderne Ausstattung ist sicher nach drei Jahren veraltet!

Die Bearbeitung von Holz, Metallen und Kunststoffen erfordert trennende und spanende Werkzeuge. Trennende Werkzeuge sind Seitenschneider, Messer und Scheren. Diese sind bei harten Werkstoffen, wie Federstahl, überfordert. Spanende Werkzeuge sind Sägen, Bohrer, Hobel, Fräser und Schleifwerkzeuge aller Art.

Zeichenhilfsmittel

Um Holme und Rippen aufzuzeichnen, genügt im einfachsten Falle der Bauplan. Nehmen wir an, alle Einzelheiten sind aufgeführt, dann ist es aureichend, die benötigten Einzelheiten zu kopieren. In der Vergangenheit wurden da kostbare Stunden mit Transparentpapier, Kohlepapier oder in Lichtpausanstalten verbracht. Heute kann man das fast an jeder Straßenecke vervielfältigen.

Aluminiumschiene und biegsame Stahlschienen sowie Messer zum Schneiden

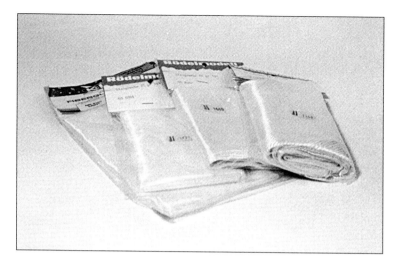

Glasfasergewebe: Von links nach rechts nehmen Fadenstärke und damit Gewicht zu.

Verschiedene Sorten von Stecknadeln und Polsternadeln. Der kleine Magnet hilft beim Aufsammeln.

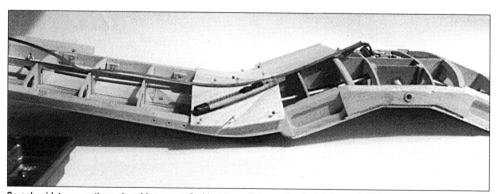

So schneidet man entlang einer biegsamen Stahlschiene. Fixieren Sie die Schiene mit Klebeband!

Sollten zum Beispiel die Rippen nicht vollständig auf dem Bauplan aufgezeichnet sein, mußte man sich früher mit Millimeterpapier behelfen. Man errechnete die Profilkoordinaten und zeichnete sie auf. Danach wurden die einzelnen Punkte mittels Kurvenlineals verbunden. Heute gibt es leistungsfähige Computerprogramme, welche jede beliebige Rippe sogar mit Holmausschnitten zeichnen können. Wir brauchen daher nur den Rippenplot auf das Sperrholz- oder Balsabrettchen aufzukleben.

Sägen

Zum Ausschneiden der Rippen benötigen wir Sägen oder Messer. Für das Aussägen sollten wir keine Laubsäge benutzen. Zu groß ist die Gefahr, durch falsche Haltung des Sägebügels einen schiefen Schnitt zu erhalten. Laubsägemaschinen arbeiten, nach sorgfältiger Einstellung, genauer. Dies ist besonders wichtig, wenn wir mehrere Rippen im Block aussägen. Solche Maschinen sind sehr preisgünstig. Laubsägemaschinen sind die ungefährlichsten aller Werkzeugmaschinen. Infolge des geringen Hubs des Sägeblatts erzeugen sie bei einer zufälligen Berührung mit den Fingern des Heimwerkers nur eine Schreckreaktion.

Für das Schneiden von Holmen und sonstigen Leisten benötigen wir eine kleine Kreissäge. Allerdings können wir mit dieser recht kleinen Hobbymaschine keine größeren Materialstärken sägen. Wichtig ist, daß die Führungsschiene absolut parallel zum Sägeblatt angeordnet ist. Im anderen Falle wird das Sägeblatt klemmen.

Bohren

Nur mit einer Tischbohrmaschine können wir genau senkrechte Bohrungen herstellen. Eine kleine Handbohrmaschine kann zum Bohren und zum Fräsen benutzt werden.

Bohrer können wir in jedem Supermarkt kaufen. Leider sind das nicht immer die richtigen! Auch dem Nichtfachmann dürfte einleuchten, daß für Bohrungen in Holz, in Beton oder in Stahlblech unterschiedliche Bohrer erforderlich sind!

Sehen wir einmal von den Gesteinsbohrern ab, so sind die handelsüblichen Bohrer für Bohrungen in Stahl und Gußeisen ausgelegt. Für den Werkstoff Aluminium benötigen wir Boh-

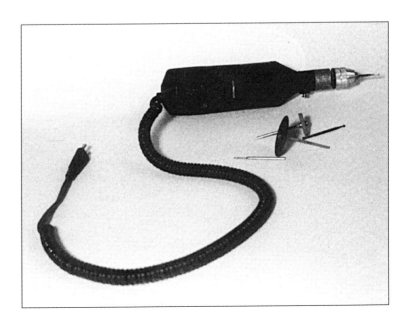

Handbohrmaschine mit Kleinfräsern, Schleifscheiben und Trennscheibe für das Trennen von Stahldrähten.

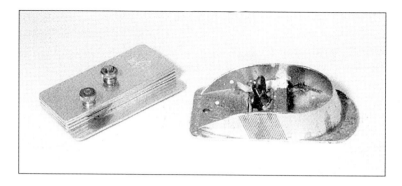

Leistenschneider und Balsahobel

A   S   H

Drei Sorten Wendelbohrer. Der linke mit dem starken Drall ist für Leichtmetalle geeignet. Der mittlere ist der Standardtyp. Der rechte hat eine Zentrierspitze und eine Außenschneide, für Holz und weiche Kunststoffe geeignet.

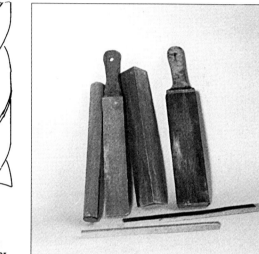

Einige Schleifpapierfeilen (von links nach rechts): Rundfeile, dünne Flachfeile, Feile auf Aluminiumwinkelprofil, dicke Flachfeile, davor schmale Rechteckfeilen.

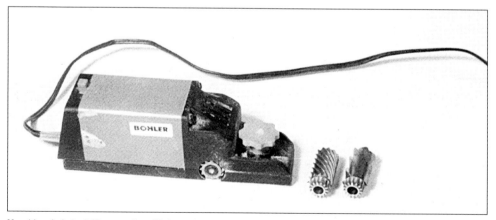

Maschinenhobel mit Messerwalzen für harte (links) und für weiche Hölzer (rechts).

rer mit einem flacheren Drallwinkel, denn nur dann werden die Späne nach oben gefördert. Anderenfalls verstopfen sie die Nuten des Bohrers und verursachen eine vergrößerte, rauhe Bohrung. Wenn wir Holz durchbohren, haben wir einmal die Schwierigkeit, daß der Bohrer entlang der Holzfaser verläuft, deshalb haben Holzbohrer eine Zentrierspitze. Zum anderen brechen beim Durchbohren die Fasern der Unterseite aus.

Hobeln

Für das Bearbeiten von Oberflächen hat sich beim Werkstoff Holz der Hobel bewährt. Tischlerhobel sind äußerst schwierig abzurichten. Wir Laien sollten die Finger davon lassen. Dagegen sind die speziellen Balsaholzhobel leichter zu handhaben. Als Hobelmesser dienen besonders dicke Rasierklingen. Wichtig ist die genaue Ausrichtung der Klinge, die so eingespannt sein muß, daß der Span beidseitig die gleiche Dicke hat.

Maschinenhobel erfordern zur erfolgreichen Benutzung viel Übung. Eigentlich sind sie Kleinfräsmaschinen. Sie werden mit zwei unterschiedlichen Messerwalzen geliefert, die eine mit groben Zähnen für Balsaholz, die andere mit feineren Zähnen für Hartholz.

Leistenschneider sind sehr praktische Werkzeuge, solange es sich um das Schneiden von dünnen (< 2 mm) Streifen handelt. Bei dickeren Holzbrettern kann die Klinge ausbiegen.

Feilen

Unsere wichtigsten Werkzeuge sind Schleifpapierfeilen. Dies liegt daran, daß Balsaholz am besten durch Schleifen bearbeitet wird.

Die Träger werden aus Sperrholz oder Spanplatte passend ausgeschnitten und das Schleifpapier mittels Kontaktkleber aufgebracht. Nachdem wir mehrere neue Lagen aufgeklebt haben, wird die Oberfläche immer unebener. Versuchen wir die alten Lagen abzureißen, gelingt dies nur unvollständig. Daher müssen wir diese Feilen öfters ersetzen. In den USA werden Aluminium-T-Profile als Träger für Schleifpapier verwendet. Wenn man das Schleifpapier mit Teppichbodenkleber aufbringt, läßt es sich später leichter entfernen.

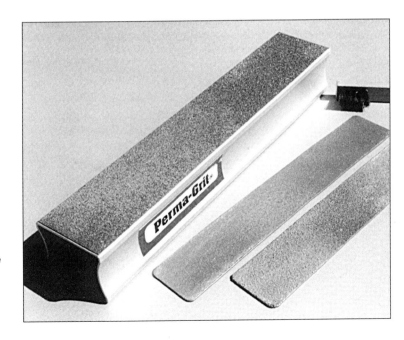

Hartmetall-Schleiffeilen sind teuer, aber unerläßlich, wenn man harte und weiche miteinander verbundene Teile bearbeiten will. Mit einer Messingdrahtbürste lassen sie sich säubern.

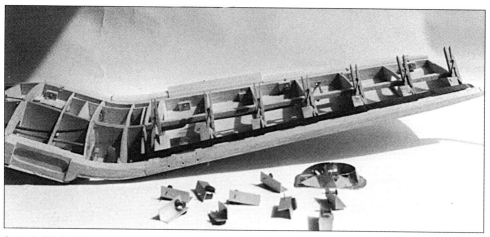

Ansteckwinkel mit Magneten zum Anheften des Stahlbandes. Das Stahlband schützt die Rippen vor Beschädigungen beim Hobeln und Schleifen von Nasen- und Endleisten.

Die glücklichen Profis unter uns benutzen käufliche Feilen aus Kunststoff mit Staubsaugeranschluß und Klettbandbefestigung des Schleifpapiers.

Hartholz wird am besten mit einer Feile für Metall bearbeitet. Bewährt haben sich Feilen mit grobem Hieb, sogenannte Bastardfeilen. Für die Metallbearbeitung benötigen wir noch eine Flachfeile mit feinerem Hieb (Halbschlichtfeile) sowie Rundfeilen und einen Satz Schlüsselfeilen.

Schleifpapier

Hier müssen wir zwischen Naß- und Trockenschliff unterscheiden. Beim Naßschliff soll das Wasser, am besten mit einem Spülmittel versetzt, den Schleifstaub wegspülen. Selbstverständlich können wir unbehandelte Holzoberflächen nicht naß schleifen, da das Wasser in das Holz einziehen und die Holzfasern aufquellen lassen würde.

Wie erkennen wir, ob die Holzoberfläche behandelt und daher gegen Feuchtigkeit unempfindlich geworden ist? Wir benetzen einfach einen kleinen Fleck der Holzoberfläche mit einigen Tropfen Wasser. Perlt das Wasser ab, ist das Holz behandelt. Wölbt sich die Oberfläche und richten sich Fasern auf, Vorsicht!

Beim Trockenschliff müssen wir dafür sorgen, daß die abgetragenen Holzspäne nicht am Schleifpapier haften und dessen Zwischenräume verstopfen. Daher muß das Schleifpapier genügend freien Raum zwischen den einzelnen Schleifkörnern bieten. Solche Schleifpapiere sind unter der Bezeichnung „Open Coat" im Handel. Wenn Sie Ihre Arbeitszeit verrechnen, werden Sie sich sicherlich für das beste, wenn auch teuerste Schleifpapier entscheiden.

Unfallverhütung und Sicherheit

Selbst auf die Gefahr hin, seine Leser mit diesem Thema zu nerven, muß der Autor auf diese Dinge eingehen. Dabei geht es nur um das Bauen von Flugmodellen.

Sicher haben die meisten von Ihnen, abgesehen von vielleicht einer Schnittnarbe, keinen Unfall bei der Ausübung Ihres Hobbys erlebt. Dennoch dürfen wir diese Gefahren nicht übersehen! Gerade als „erfahrener Experte" übersieht man leicht Risiken. Junge, unerfahrene Modellflieger wenden sich an uns, und wir müssen sie, auch im Hinblick auf Sicherheit, beraten.

Risiken sind:
- scharfe Werkzeuge
- Werkzeugmaschinen
- ätzende Chemikalien
- Brandgefahr
- ungenügende Lüftung
- auf dem Boden liegende Gegenstände und Kabel (Stolperfallen)
- Splitter und harte Kanten von Werkstoffen

Eine unvergeßliche Lektion erlebte der Autor, als er vor 50 Jahren zum ersten Mal eine Werkstatt für den Bau von Segelflugzeugen betrat. Dort lag, in Spiritus konserviert, ein abgesägter Daumen. Deshalb: Respekt vor Holzbearbeitungsmaschinen!

Kreative Modellbauer erfinden die bemerkenswertesten Geräte und Vorrichtungen. Alle diese ungeprüften Einzelstücke stellen für uns, besonders aber für andere eine mögliche Gefahr dar!

Viele Werkstoffe sind möglicherweise gesundheitsschädlich. Holz beispielsweise ist aus Fasern aufgebaut. Diese können die Haut verletzen. Holzstaub, besonders von Balsaholz, kann in der Nase Blutungen verursachen. Bambusstreifen haben messerscharfe Kanten. Schleifstaub von Spachtelmassen darf nicht eingeatmet werden. Benutzen Sie eine Atemschutzmaske, wie es die Lackierer tun. Achten Sie darauf, daß nach dem Schleifen der Staub beim Entfernen nicht aufgewirbelt wird. Bauen Sie eine Absaugvorrichtung! Benutzen Sie einen Staubsauger! Epoxidharze sind unausgehärtet äußerst gesundheitsschädlich. Sie können, durch die Haut oder die Atemwege aufgenommen, Allergien hervorrufen. Diese äußern sich durch Hautausschläge oder Atemstörungen. Gemeinerweise treten diese erst nach vielen Jahren auf.

Nicht nur Holz ist leicht entflammbar. Einen Balsaholzflügel kann man leicht durch einen unvorsichtig angesetzten Heißluftfön in Brand setzen. Vergrößerungsgläser und Lupen müssen vor Sonnenlicht geschützt aufbewahrt werden. Wenn Sie Glück haben, gibt es nur einen schwarzen Fleck auf einem Holzbrettchen!

Viel zu wenig bekannt ist die Gefahr der spontanen Entzündung von Lösungsmitteln. Aus diesem Grunde verlangen die Berufsgenossenschaften, daß gebrauchte Putzlappen und ähnliche brennbare Dinge in Metallbehältern abgelagert werden.

Auch Lötkolben und noch nicht abgekühlte, hartgelötete Teile können einen Schwelbrand verursachen. Das gilt auch für Asche, welche bei einer schwierigen Arbeit plötzlich von der Zigarette fällt. Sie könnte ein Loch in den Flügel brennen!

Wenn Sie das alles nicht für möglich halten, dann fragen Sie Ihren Versicherungsvertreter. Vielleicht wird dann die Prämie Ihrer Hausratversicherung erhöht.

Sauberkeit und Entsorgung

Ob wir zu Hause oder in einer Klubwerkstatt arbeiten, wir sollten unsere Mitmenschen nicht durch an den Schuhsohlen verschleppten Dreck, herumliegenden Abfall, überflüssigen Lärm und widerliche Gerüche verärgern.

Vorbei ist die sorglose Zeit, als man noch alle Abfälle einfach wegwerfen konnte. Der Unterschied zwischen Müll und Sondermüll ist ja schon Kindern im Vorschulalter bekannt. Sollten Sie dennoch allzu sorglos entsorgen, so könnte man Sie an Hand modellbautypischer Abfälle identifizieren.

Die Tragflächen entstehen

Herstellung der Einzelteile

Holmbau

Als Holme für kleinere Modelle können einzelne Leisten passenden Zuschnitts verwendet werden. Bei größeren Modellen verwendet man Doppelholme, welche, um Ausknicken zu vermeiden, durch Stege abstützt werden müssen.

Größere Spannweiten erfordern eine Verstärkung der Holme zur Flügelmitte hin. Wichtig ist, daß die Verdopplungen am Ende genügend abgeschrägt werden, um bei Beanspruchung Spannungsspitzen zu vermeiden. Der Holm würde sonst am Anfang der Verstärkung brechen!

Balsa oder Kiefer?

Bei gleicher Festigkeit können Kiefernleisten dünner sein. Dies ist wichtig bei dünnen Profilen sowie bei gewichtigen Modellen. Die dickeren Balsaholme bieten mehr Leimfläche und knicken weniger leicht ein.

Für die filigranen Flügelkonstruktionen von Oldtimermodellen verwenden US-Bausatzhersteller das Holz der amerikanischen Linde. Im Gegensatz zu Kiefernholz zeigt Linde keine Jahresringe, neigt daher nicht zum Splittern und läßt sich gut im Profil verschleifen, was für Nasen- und Endleisten wichtig ist.

Rohrholme sind absolut verdrehsteif und sehr biegefest. Besonders für Freiflugmodelle sind handelsübliche GFK- und CFK-Rohre gut geeignet. Für Fernlenk-Motorflugmodelle empfehlen sich Rohre aus Aluminiumlegierungen.

Holzleisten für Holme müssen absolut gerade und frei von Verdrehung sein. Bei Kiefernholz ist die Lage und die Anzahl der Jahresringe zu beachten. Die Fasern müssen unbedingt parallel zur Leiste verlaufen.

Für Balsaholme muß hartes Holz bei gleichbleibender Festigkeit in Länge und Querschnitt ausgesucht werden.

Zuschnitt

Obwohl man Kiefern- und Balsaleisten in vielen unterschiedlichen Querschnitten und

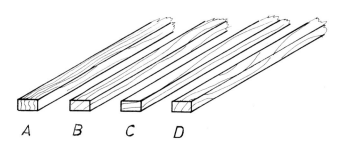

Beispiele von Kiefernleisten:
A hat enge und senkrechte Jahresringe, idealer Querschnitt;
B hat schräge Jahresringe, noch brauchbar;
C ist ungünstig;
D ist infolge gebogener Faserung ungeeignet.

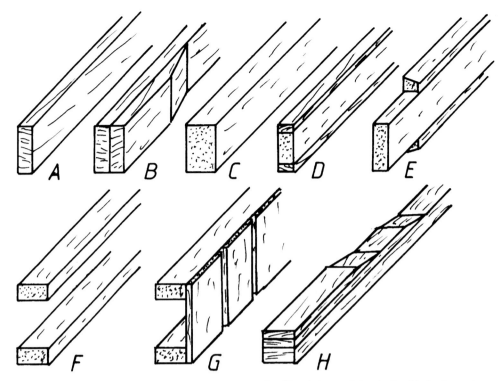

Einige Holmarten:
A = Brettholm aus Kiefer
B = Brettholm mit seitlicher Verstärkung im Wurzelbereich
C = Brettholm aus Balsa
D = Brettholm aus Balsa, mit Kiefernleisten oben und unten verstärkt
E = Hinterholm aus Balsa, im Bereich der Querruder auf Rippenhöhe aufgefüttert
F = Ober- und Untergurt aus Balsa
G = Gurte durch Balsastreifen mit senkrechter Maserung verbunden
H = unterer Holmgurt aus Kiefer, zur Wurzel hin zunehmend durch Doppler verstärkt.

Längen kaufen kann, wird es sich doch manchmal nicht vermeiden lassen, Leisten selbst zurechtzuschneiden.

Kiefernleisten kann man nicht mit der Laubsägemaschine bearbeiten, da das Sägeblatt im weichen Teil der Fasern verbleibt und deren Krümmungen folgt.

Für Balsaholz sind die sogenannten Leistenschneider nur für dünne Brettchen geeignet, da sich die elastische Klinge, ebenfalls den weicheren Fasern folgend, wegbiegt. Ohne Schwierigkeiten gelingt dies mit einer kleinen Kreissäge. Nur muß man die Führung sehr sorgfältig ausrichten, damit das Sägeblatt nicht klemmt.

Schäften

Zu kurze Leisten lassen sich durch Schäften verlängern. Auch kann man fehlerhafte Stellen austrennen und danach die Leiste auf passende Länge schäften.

Damit die Schäftung die Festigkeit des gewachsenen Holzes erreicht, muß die Leimfläche möglichst groß und von genauer Passung sein. Kunstharzleime und Epoxidharze überbrücken auch schlecht passende Fugen, ergeben aber selbst keine ausreichende Festigkeit. Bei manntragenden Flugzeugen muß die Schäftlänge fünfzehnmal so groß sein wie der Querschnitt. Für uns sollte die Hälfte davon genügen.

Bei der Schäftung ist die Größe der Überlappung wichtig:
A ergibt große Leimfläche
   = richtig
B ergibt kleinere Leimfläche
   = ungünstig.

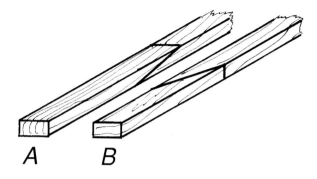

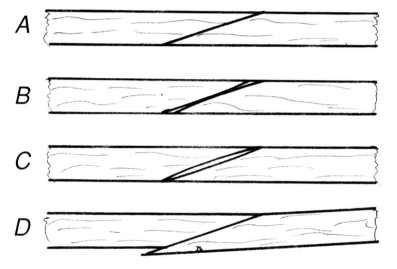

Ausführung von Schäftungen:
A: ist richtig
B: Leisten sind ballig, unbrauchbar
C: Schäftung hat Hohlkehlen, von außen nicht erkennbar, daher vor dem Verleimen kontrollieren
D: Wenn man keinen Knickflügel bauen will, ist diese Schäftung unbrauchbar.

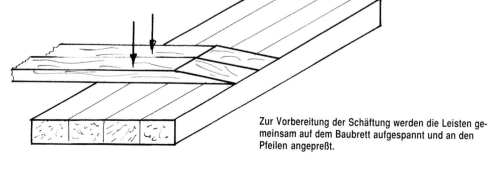

Zur Vorbereitung der Schäftung werden die Leisten gemeinsam auf dem Baubrett aufgespannt und an den Pfeilen angepreßt.

51

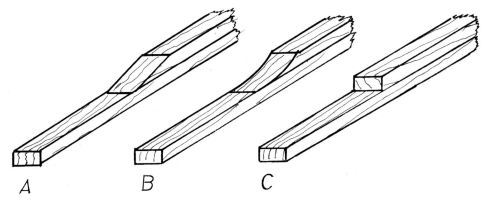

Verdopplung von Holmen: A und B sind günstig, da sie den Querschnitt allmählich vergrößern; C führt leicht zum Bruch.

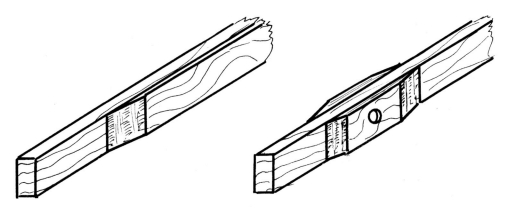

Angeschrägte einseitige Sperrholzverstärkung.(links) und angeschrägte beidseitige Verstärkung für eine Verschraubung (rechts)

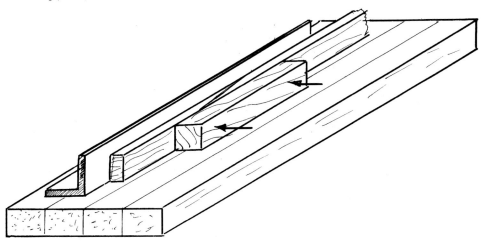

Die zu schäftende Leiste wird entlang einer Führung auf dem Baubrett bis zum Abbinden des Leimes gepreßt. Pressung an den Pfeilen.

Um die Abschrägung beider Teile genau gleich, gerade und nicht ballig zu bearbeiten, muß man sich schon etwas Mühe geben. Nach dem Sägen der Schräge spannt man beide Teile gemeinsam ein und bearbeitet sie mit einer Schleifpapierfeile. Wenn man beide Teile zusammenfügt und gegen das Licht hält, läßt sich die Passung überprüfen.

Verstärkungen

Wie schon erwähnt, werden die Verstärkungen abgeschrägt, um einen allmählichen Anstieg des Querschnittes zu erreichen. Dies gilt auch für seitlich aufgeleimte Sperrholzverstärkungen.

Verstärkungen sind auch dort notwendig, wo der Holm vor Verdrückung durch Schrauben geschützt werden muß. Da man in Holz tunlichst kein Gewinde schneiden sollte, empfiehlt es sich, Einschlagmuttern zu verwenden. Diese müssen aber sorgfältig gegen Herausfallen gesichert werden. Ein paar Minuten Überlegung beim Bauen erspart spätere stundenlange Fummelei, um die verlorene Mutter zu finden und wieder zu befestigen.

Verleimen

Schäftungen und Verdoppelungen müssen unbedingt in einer einfachen Vorrichtung eingespannt und gepreßt werden. Mangelnde Sorgfalt führt sonst zu einer abgesetzten oder schiefen Schäftung. Dies geschieht am besten auf einem absolut ebenen Brett mit einer Anschlagleiste. Diese kann ein Aluminiumwinkel sein, der auf dem Brett verschraubt ist. Kunststoffolie schützt Brett, Anschlag und Preßleiste vor ausquellendem Leim. Dieser soll sofort nach dem Austreten abgewischt werden, um spätere Nacharbeit zu erleichtern. Achten Sie darauf, das die Holmgurte beim Pressen nicht nach oben gleiten!

Ausklinkungen in Holmen

Besonders in Baukästen findet man gelegentlich Holme mit Ausschnitten für die Aufnahme der Rippen. Solche Ausschnitte sind eigentlich Sollbruchstellen, da sie den Faserverlauf des Holzes unterbrechen. Ihr Vorteil ist die geneue Ausrichtung von Holmen und Rippen beim Zusammenbau. Das klappt aber nur, wenn die Ausschnitte der Holme mit den ebenfalls angebrachten Ausschnitten in Nasen- und Endleiste genau übereinstimmen. Da Holz arbeitet, ist dies nicht immer der Fall. Auch gibt es Abweichungen zum Bauplan, weil Papier ja ebenfalls arbeitet. Ein Vorteil ist aber die formschlüssige Verriegelung von Leisten und Rippen, unabhängig von der Klebverbindung. Beim üblichen Kleben müssen wir ja das Hirnholz der Rippen mit der Längsfaserung der Leisten verbinden. Hinzu kommt noch die Ungenauigkeit der Passung. Sollte zwischen dem Ende der Rippe und der Leiste ein Spalt von einem Millimeter sein, so können wir diesen zwar mit

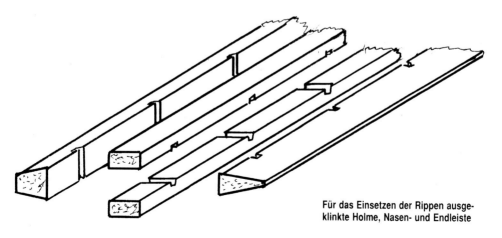

Für das Einsetzen der Rippen ausgeklinkte Holme, Nasen- und Endleiste

Vorrichtung zum Einsägen der Ausklinkungen in N = Nasenleiste, E = Endleiste und H = Holme. A sind Abstandleisten und T Hartholzleisten zum Zusammenhalten des Blocks und als Tiefenbegrenzung. Die Lehre sichert den richtigen Abstand und einen rechtwinkligen Schnitt.

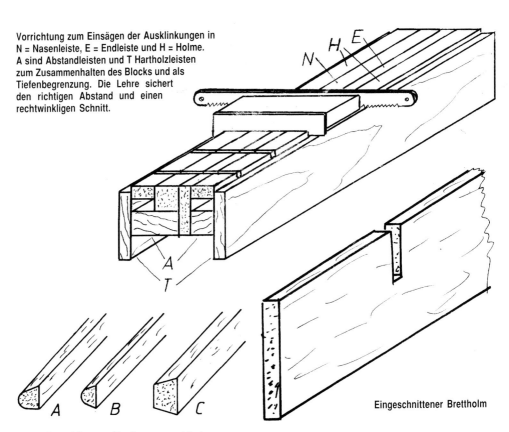

Eingeschnittener Brettholm

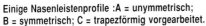

Einige Nasenleistenprofile :A = unymmetrisch; B = symmetrisch; C = trapezförmig vorgearbeitet.

Vorgearbeitete Endleisten:
A = Balsa, unsymmetrisch
B = Nußbaum angeschrägt
C = Balsa symmetrisch
D = Balsa mit eingeleimtem Sperrholzstreifen, der nach vorne in einen Schlitz der Rippe hineinragt.

Aud dem Baubrett mit Anschlagleiste kann die Endleiste auf Profil gehobelt und geschliffen werden.

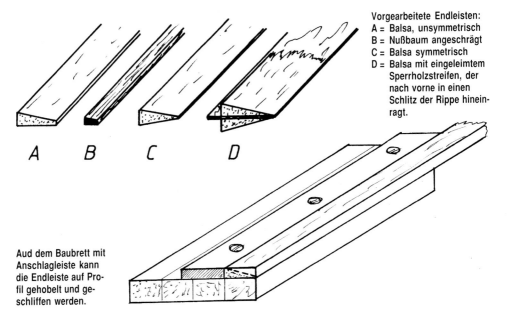

reichlich Klebstoff überbrücken, die Festigkeit der Verbindung wäre aber zweifelhaft, und durch das Schrumpfen des Klebers entstehen Spannungen und Verzüge.

Um solche Einschnitte herzustellen, müssen wir sowohl die Holme als auch Nasen- und Endleiste gemeinsam mit Hilfsleisten aus Hartholz einspannen. Mit einer Lehre können wir dann im richtigen Abstand und im rechten Winkel mittels eines doppelten Sägeblattes die Einschnitte bis zu den Hilfsleisten einsägen.

Brettholme mit von oben angebrachten Rippenausschnitten sind dagegen unbedenklich. Die Unterkante des Holms ist durchgehend, also keiner Kerbwirkung unterworfen. Die Oberkante ist eingeschnitten, aber nur auf Druck beansprucht. Natürlich müssen die Ausschnitte sehr genau passen, damit nicht durch einen zu großen Spalt, in Verbindung mit der Schrumpfung des Klebstoffes, schon beim Bau eine Verbiegung des Flügels eintritt. Abhilfe bringt eine zusätzliche Verstärkung des Brettholmes durch oben und unten angebrachte Kiefernleisten. Ebenso hilft eine Beplankung.

Nasenleisten

Profilgefräste Nasenleisten können fertig gekauft werden. In den meisten Fällen wird man aber eine passende Nasenleiste nicht finden. Auch die Nasenleiste muß völlig ohne Verzug sein. Da sie die Stoßstange des Flügels ist, sollte sie aus hartem Holz bestehen, in der Regel Balsa. Aber auch Abachi läßt sich einsetzen, ist aber etwas zeitraubender auf Profilform zu schleifen.

Um die Nasenleiste auf Rippenfüßchen aufsetzen zu können und um die Nachbearbeitung nach dem Verkleben zu erleichtern, kann man die Leiste schon jetzt auf einen trapezförmigen Querschnitt hobeln.

Auf jeden Fall sollte man mit einem langen Lineal auf der Mitte der Leiste eine Bezugslinie anreißen, nach welcher beim Zusammenbau die Mittellinien der Rippen ausgerichtet werden können.

Endleisten

Infolge ihrer geringen Dicke ist die Endleiste besonders durch Verzug gefährdet. Sie muß daher vor dem Einbau genau auf geraden Verlauf kontrolliert werden. Schneidet man die Leiste aus einem Balsabrettchen, so muß sie nach der Kontrolle in einer einfachen Vorrichtung keilförmig geschliffen werden.

Einfacher sind Endleisten bei Anwendung von Streifenquerrudern. Hier sollte man ebenfalls die Mittellinie zum Ausrichten der Rippen anzeichnen.

Kiefernendleisten und gelegentlich Lindenholzleisten werden eigentlich nur bei Antik- oder Oldtimer-Scale-Modellen verwendet. Hier ist zusätzlich der Faserverlauf zu kontrollieren. Sie müssen auf jeden Fall vor dem Einbau vollständig auf Profil geschliffen werden. Beim nachträglichen Schleifen würden sich die dünnen Leisten biegen. Auch können die Verleimungen brechen.

Bei größeren Modellen empfehlen sich zusammengesetzte Endleisten. Man nimmt eine Fahne aus Sperrholz und leimt oben und unten eine Balsaleiste auf. Dies erhöht die Festigkeit und vermindert den Verzug. Wichtig ist, daß alle drei Faserrichtungen übereinstimmen!

Hilfsholme

Hilfsholme werden besonders bei eingesetzten Querrudern benötigt. Man kann den Hilfsholm von der Wurzel bis zum Ende durchlaufen lassen. Im Bereich der Querruder wird er dann durch Aufleimer auf Rippenhöhe gebracht. Im anderen Falle wird der Hilfsholm, mit voller Rippenhöhe, nur im Bereich der Querruder an die hier abgeschnittenen Rippen geleimt. Holm- und Rippenoberkante müssen genau übereinstimmen und in einer Flucht liegen, damit die Querruder ohne Sprung oder Spalt anschließen. Also wieder Rippenmitte oder Oberkante genau anreißen!

Rippen

Im Gegensatz zu den Herstellern von Baukästen müssen wir unsere Rippen aus Balsa-

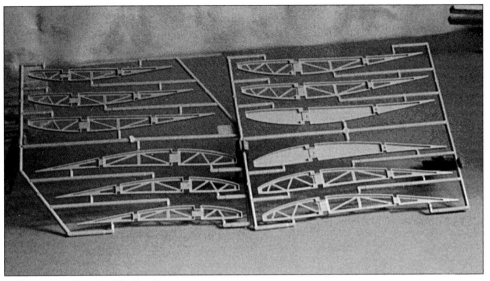

Fertigrippen aus Polystyrol-Spritzguß

oder Sperrholzbrettchen käuflicher Formate schneiden. Um Material zu sparen, muß man sich überlegen, wie die Rippen auf den Brettchen zweckmäßig angeordnet werden. Dabei lohnt es sich oft, Brettchen durch Zusammenleimen zu verbreitern. Wie das gemacht wird, ist später beim Thema Beplankung beschrieben.

Sind alle Rippen auf dem Bauplan eingezeichnet, so können wir diese einfach auf einem Kopiergerät vervielfältigen. Das kostet heutzutage in einem Bürogeschäft nicht viel. Bevor Sie auf die Taste drücken, prüfen Sie unbedingt, ob nicht ihr Vorgänger das Gerät auf Vergrößerung oder Verkleinerung programmiert hat. Oder haben Sie die Absicht, den Maßstab des Modells zu ändern? Dann können Sie ja selbst das Gerät passend einstellen.

Wenn keine Rippen einzeln aufgezeichnet sind, finden Sie sicher Angaben über das Profil oder den Profilstrak und die Rippenlängen. Nun können Sie, ein Freund oder ein Profi (Anzeigen in der Modellbauzeitschrift) die Rippen plotten. Dabei sollte die Stärke der Aufleimer und Beplankung sowie Lage und Größe der Holmeinschnitte, Nasen- und Endleiste berücksichtigt werden. Bei den eventuellen Kosten dieses Verfahrens sollten Sie Ihren eigenen Stundenlohn als Modellbauer einsetzen, wenn Sie jede einzelne Rippe aus den Profilkoordinaten mit Taschenrechner, Bleistift und Millimeterpapier zeichnen!

Vor dem Ausschneiden ist noch zu überlegen, ob wir an unseren Rippen Montagefüßchen stehen lassen sollen. Ebenfalls sollten Sie jetzt die Rippenmarkierungen für Nasen- und Endleiste anbringen und diese nach dem Aussägen einfach durch einen kurzen Einschnitt mit der Säge markieren.

Wir schneiden jetzt unsere kopierten oder geplotteten Rippenvorlagen aus und legen sie möglichst rationell auf dem Balsa- oder Sperrholzbrettchen aus. Anschließend kleben wir sie mit Bürokleber auf. Um Ersatzrippen zu behalten, sollten Sie immer drei Holzbrettchen übereinander mit reichlich Stecknadeln befestigen und dann die Rippen auf einer Laubsägemaschine aussägen. Sehr wichtig ist die Kontrolle, daß das Auflagetischchen absolut waagerecht steht! Anschließend sollten Sie die Rippen numerieren und in zwei Blöcken sortieren.

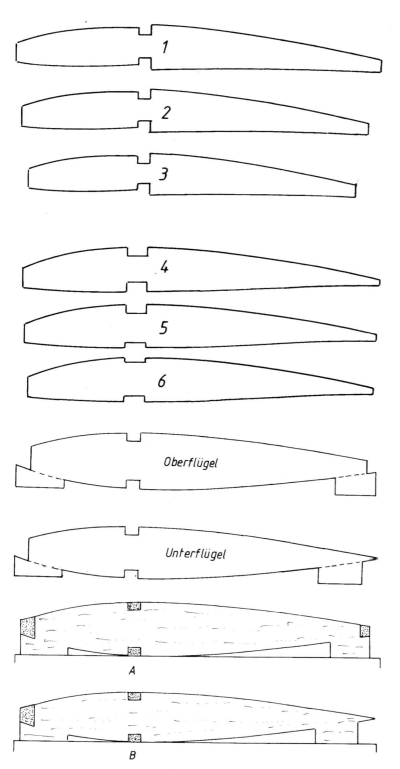

Ein Ausschnitt aus zwei Sätzen von Seglerrippen: Rippen 1, 2 und 3 sind zwischen Holm und Nase abgesetzt, da die Nase beplankt wird. Vom Holm aus zur Endleiste muß die Rippe glatt und faserfrei sein, da hier die Bespannung direkt auf die Rippe aufgebracht wird. Rippen 4, 5 und 6 unterscheiden sich in den Holmausschnitten. Bei Rippe 4 sind Ober- und Untergurt verdoppelt. Bei Rippe 5 ist der Untergurt, bei Rippe 6 beide Gurte dünner. Da die Nase beplankt wird, müssen die Rippen hinter dem Holm Aufleimer erhalten.

Zwei Rippen eines Doppeldeckers mit Montagefüßchen. Beim Aufbau liegt der untere Holmgurt direkt auf dem Baubrett auf. Mittels der Füßchen können die - vorprofilierten - Nasen- und Endleisten passend angesetzt werden. Nur der Oberflügel hat Querruder.

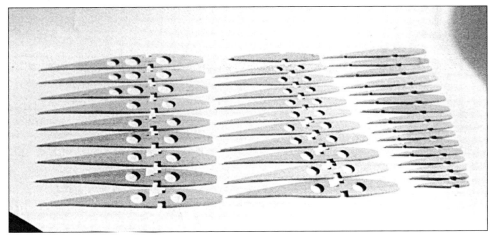

Ein 4-Meter-Segler benötigt eine Menge Rippen. Diese wurden mit einem Computer geplottet und danach - drei Brettchen übereinander - ausgesägt.

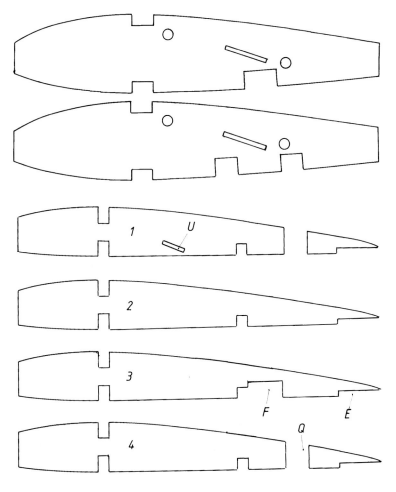

Zwei unterschiedliche Rippen: Die obere hat einen Ausschnitt für die Aufnahme der Fahrwerknutleiste, die untere ist für ein Einziehfahrwerk vorbereitet. Dieses wird auf den beiden eingesetzten Leisten montiert. Die Bohrungen sind für die Gestänge zur Betätigung der Querruder und der Landeklappen.

Vier Rippen mit unterschiedlichen Ausschnitten:
Rippen 1 und 4 sind für den Bereich der Querruder.
Erläuterungen der Ausschnitte:
U = Brett für Umlenkhebel
F = Nutleiste für Fahrwerk
E = Endleistenbrett
Q = Querruderholm.

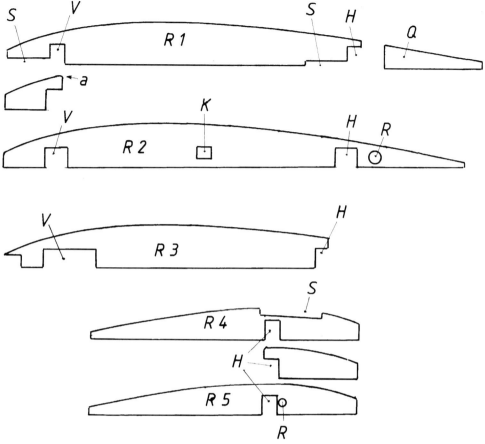

Dies sind die Rippen eines Oldtimers: Rippen 1 bis 3 gehören zum Oberflügel, 4 und 5 zum Unterflügel. Außerdem sind die entsprechenden Hilfsrippen für die Flügelnasen gezeichnet. Erläuterungen: V = Vorderholm, zum Teil mit Verstärkungen; H = Hinterholm; Q = Querruder; S = Brettchen für Streben; R = Bohrung für Torsionsrohr der Querruder im Oberflügel, für den Flügelsteckdraht im Unterflügel; K = Durchbruch für Auskreuzung; a = Abrunden der Kante wegen der Bespannung.

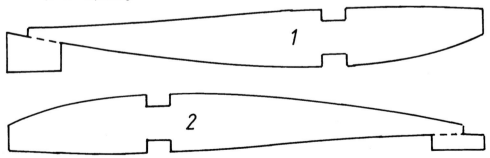

Sollten Sie den Flügel normal oder auf dem Rücken aufbauen?
Beispiel 1: Der Flügel wird auf dem Rücken aufgebaut, danach kann die Unterseite beplankt werden. Nach dem Umdrehen wird der Flügel ausgerichtet und auf der Oberseite beplankt.
Beispiel 2: Der Flügel wird normal aufgebaut und anschließend beplankt. Nach dem Umdrehen ist es sehr schwierig, den Flügel derart festzulegen, daß die Unterseitenbeplankung ohne Verzug der Fläche aufgebracht werden kann.

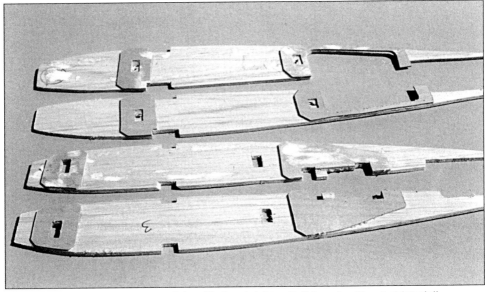

Rippen mit aufgeleimten Verstärkungen. Achten Sie darauf, daß jeweils links und rechts aufgeleimt wird!

Bevor Sie nun alles zum Zusammenbau vorbereiten, sollten Sie noch einmal alle Rippen mit dem Bauplan vergleichen und Unterschiede berücksichtigen:

- im Wurzelbereich tiefere Holmausschnitte
- im Querruderbereich Einschnitte
- Kürzungen an der Nase und am Ende für Sperrholzverstärkungen
- Aussparungen für Lagerbrettchen der Umlenkhebel
- Bohrungen für Rudergestänge oder Bowdenzüge
- Ausschnitte für Störklappen
- Sperrholzverstärkungen für Fahrwerksträger
- Aussparungen für Einziehfahrwerke
- Aussparungen für Rudermaschinen

Sind alle Rippen gleich und unterscheiden sich höchstens in Details wie den Ausschnitten, so kann man mittels einer Sperrholz- oder Pertinax-Schablone die Rippen einzeln mit einem spitzen Messer ausschneiden. Achten Sie auf den Faserverlauf und wechseln entsprechend die Schnittrichtung. Halten Sie das Messer absolut senkrecht!

Falls Ihr Etat größere Verschnittmengen zuläßt, können Sie die Rippen auch im Block bearbeiten. Dazu packen Sie mit reichlich Übermaß vorgeschnittene Rohlinge zwischen zwei Musterrippen und sichern diese durch eingesteckte Stifte gegen Verschieben. Anschließend wird der Block eingespannt und bearbeitet.

Dabei werden Sie nacheinander alle Nachteile dieses Verfahrens kennenlernen: Es ist sehr schwierig, den Block plan und nicht ballig zu schleifen. Sie müssen das für den rechten und für den linken Flügel machen und haben noch keine Ersatzrippen. Dünne Enden von Seglerrippen federn beim Schleifen weg. Es ist sehr mühevoll, die Holmausschnitte sauber und genau einzuschneiden. Außerdem müssen diese nachgearbeitet werden.

Bei Trapezflügeln werden Vorder- und/oder Hinterkante der Rippen schräg geschnitten. Sie sollen aber rechtwinklig an Nasen- und Endleiste treffen. Dazu schneiden Sie die Schrägen anschließend gerade. Jetzt fehlt Ihnen aber die Wurzelrippe! Diese schneiden Sie einzeln nach

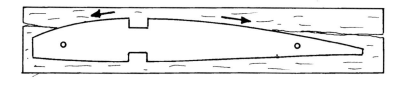

Beachten Sie die Schnittrichtung beim Ausschneiden von Rippen entlang einer Schablone! Bei falscher Schnittrichtung spaltet das Holz auf.

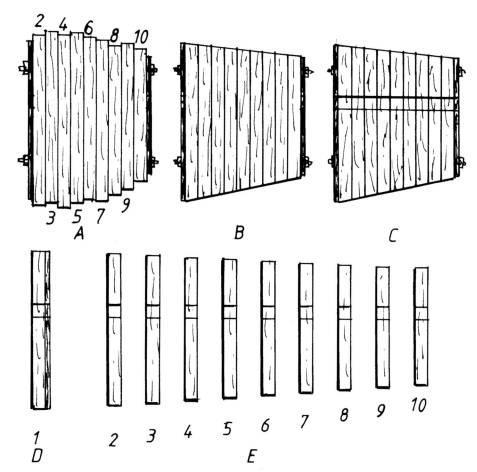

Bearbeiten von Rippen im Block:
A: Da die erste Rippe nachträglich ausgeschnitten wird, wird ein Brettchen weniger im Block zwischen den beiden Musterrippen eingespannt.
B: Der Block wird mit Messer, Hobel und Schleifpapierfeile bearbeitet.
C: Die Holmeinschnite werden bearbeitet.
D: Die erste Rippe wird entlang der großen Musterrippe ausgeschnitten.
E: Alle Rippen des Blocks werden getrennt vorne und hinten gerade geschnitten.

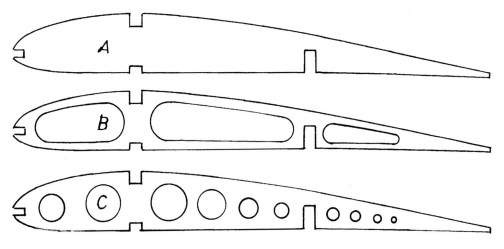

Sperrholzrippen:
A = fertige Rippe; B = Rippe mit ausgesägten Aussparungen; C = Rippe mit Erleichterungsbohrungen.

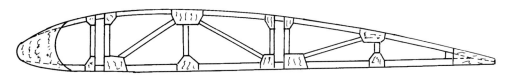

Bei dieser Rippe sind Rippengurte und Stege aus Kiefernleisten in einer Vorrichtung verleimt und mit Sperrholzaufleimern verstärkt. An der Nase ist ein Formklotz eingeleimt.

der Schablone aus. Dafür brauchen Sie aber ein Brettchen weniger in den Block einlegen!

Etwas aufwendiger ist die Herstellung von Rippen für Antikmodelle aus dünnem Sperrholz, denn diese müssen zur Gewichtsersparnis mit Aussparungen versehen werden. Früher wurden diese mühselig mit einem Laubsägebügel ausgesägt. Selbst mit der Maschine kostet das viel Zeit, da ja jeder Ausschnitt zum Einfädeln des Sägeblattes vorgebohrt werden muß. Eine andere Möglichkeit wären Erleichterungsbohrungen unterschiedlichen Durchmessers. Jede Bohrung muß aber zuerst sorgfältig angezeichnet werden!

Für ganz große Scale-Modelle kann man auch Rippen in Leistenbauweise in Vorrichtungen herstellen. Die Schwierigkeit liegt in der unterschiedlichen Biegung von Ober- und Untergurt sowie in der stärkeren Wölbung der Profilnase. Außerdem müssen Durchlässe für die Holme geschaffen werden. Mit Stegen und Diagonalstreben wird die Rippenform gehalten. Im Bereich der Nase wird ein Nasenklotz eingesetzt. Die Verleimungen werden durch Sperrholzecken oder -aufleimer verstärkt. Für jede Rippengröße muß eine besondere Vorrichtung, im einfachsten Falle eine Nagelschablone, angefertigt werden. Der Aufwand würde sich aber für mehrere Modelle, zum Beispiel eine Klemm-25-Staffel, lohnen.

Randbogen und Endklötze

Sie bilden den äußeren Flügelabschluß. Leider muß jeder Flügel einmal ein Ende haben, dieses verursacht den induzierten Widerstand, welcher die Flugleistung verschlechtert. Deswegen haben Hochleistungsflugzeuge eine hohe Streckung, also eine große Spannweite. Seit

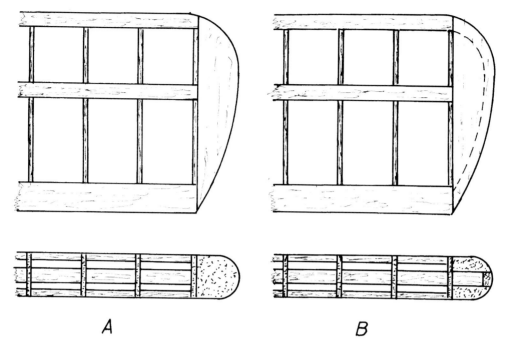

Balsa-Endklotz aus Vollholz (A) und als verleimter Klotz mit Aussparungen (B).

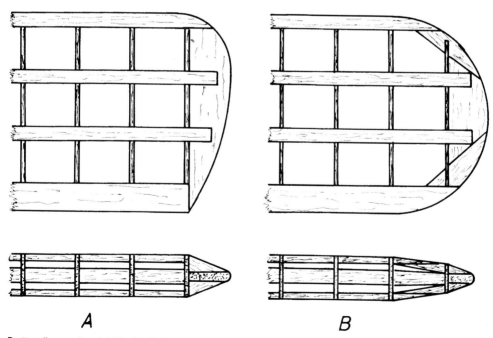

Brettrandbogen: A = einteilig; B = dreiteilig.

einigen Jahren versucht man, nicht nur im Modellbau, durch sogenannte Winglets diesen Widerstand zu verringern.

Den einfachsten Abschluß bildet eine verstärkte Rippe. Bei strapazierten Modellen kann man diese Rippe durch Sperrholz „panzern", zum Schutz vor Bodenberührung auch durch Herabziehen nach unten verbreitern.

Ähnlich widerstandsfähig ist ein Randbogen aus einem Balsaklotz, welcher entsprechend der gewünschten Form verschliffen wird. Zur Gewichtserleichterung - schließlich sollen die Flügelenden leicht sein - kann man den Klotz aushöhlen. Diese Arbeit kann man durch Verleimen von mehreren dünneren Lagen zu einem Klotz vereinfachen.

Bei Flügeln, welche bespannt werden, ist ein Randbogen aus einem Brett oder aus verleimten Segmenten angebracht. Verleimte Brettsegmente haben den Vorteil, daß die Holzfasern annähernd tangential zum Randbogen verlaufen.

Während die bisher beschriebenen Randbogen sehr starr und stabil, aber auch relativ schwer sind, können wir auf andere Weise sehr elastische und widerstandsfähige Randbogen bauen. Beide Arten sind besonders für vorbildgetreue Modelle ideal, erfordern aber einen größeren Aufwand.

Lamellierte Randbogen können aus Streifen von Balsaholz, besser aber aus Nußbaumfurnier geformt werden. Voraussetzung ist eine Vorrichtung, in der die Holzstreifen entsprechend der Biegung, unter Umständen sogar zweidimensional, zur Verleimung eingespannt werden. Meistens genügt eine Nagelschablone. Außerdem müssen die Holzstreifen biegsam gemacht werden. Dies geschieht durch Einweichen in Wasser oder durch Erhitzen mit einem Heißluftgebläse. Das Einweichen in Wasser verträgt sich gut mit dem Auftragen von Weißleim. Die Anwendung des Heißluftgebläses erfordert hitzebeständige Finger und stellt eine Brandgefahr dar. Lamellierte Randbogen aus Nußbaumfurnier sind praktisch unzerbrechlich. Ihr schmaler Querschnitt ergibt aber eine geringe Klebefläche für die Bespannung!

Randbogen können auch aus gebogenen Rohren gefertigt werden. Vor 80 Jahren war es durchaus üblich, Holzflügel mit Randbogen aus Stahlrohr zu kombinieren. Wenn wir diese Bauweise für einen Oldtimer übernehmen, kommen wir aber in Schwierigkeiten, da Stahl-

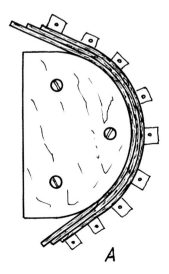 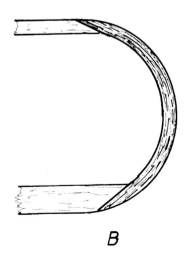

Lamellierte Randbogen werden in einer Schablone gebogen (A) und dann eingepaßt (B)..

rohre kleinen Durchmessers und geringer Wandstärke schwierig zu beschaffen sind.

Das eigentliche Problem ist das Biegen dünnwandiger Rohre, ohne daß diese einknikken. In der Autoindustrie behilft man sich durch besondere Biegevorrichtungen. Rohre für Bremsleitungen, Dieseleinspritzanlagen und Auspuffe werden auf diese Art ohne Schwierigkeiten massenhaft hergestellt.

Das Einknicken kann man durch Füllen der Rohre verhindern. Im Maschinenbau füllt man die Rohre mit Sand, aber das sind Rohre von 100 oder mehr Millimeter Durchmesser. Wir könnten eine Drahtwendel einführen oder das Rohr mit Blei füllen. Das erste wäre ein Problem der Beschaffung, das zweite ein Geduldsspiel.

Viele Schwierigkeiten vermeiden wir durch Verwendung von dickwandigen Rohren aus Aluminiumlegierungen. Beim Biegen der Rohre müssen wir aber viel Geduld aufwenden, um die richtige Krümmung zu erreichen. Stimmt der Bogen nicht mit der im Plan vorgesehenen Biegung überein, können wir zwar den Bogen mit der Flügelstruktur in einer Vorrichtung verkleben, doch wird unter Spannung, nach dem Bau oder im Flugbetrieb, die Verbindung reißen.

Beplankung

Ursprünglich diente die Beplankung nur dazu, das Einfallen der Bespannung an der stark gekrümmten Profilnase zu vermindern. Die einfachste Lösung dieses Problems ist eine vergrößerte Nasenleiste. Bei den Antikmodellen wurde die Nase mit Zeichenkarton beplankt.

Um das Einfallen der Bespannung beim Übergang der Beplankung zur Bespannung zu vermeiden, wurden bei manchen Oldtimern die Hinterkante der Beplankung zickzackförmig gestaltet. Eine richtige Beplankung, nur an der Nase oder über die gesamte Flügeltiefe, verbessert nicht nur die Profiltreue, sondern auch die Torsionsfestigkeit.

Zuerst müssen wir überlegen, wo die Beplankung an der Nase enden soll. Ziehen wir

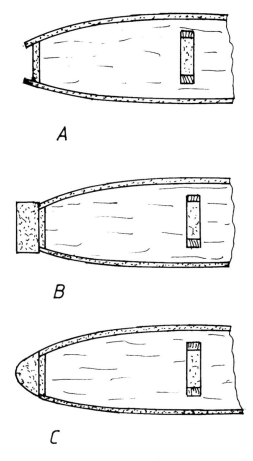

Eine falsche Nasenleiste erleichtert den Aufbau des Flügels:
A: Vor der Beplankung wird der Flügel mit der falschen Nasenleiste aufgebaut.
B: Nach dem Verschleifen wird die Nasenleiste angebracht.
C: Zum Schluß wird die Nasenleiste verschliffen.

die Beplankung über die Nasenleiste, so ergeben sich Schwierigkeiten beim Verschleifen, da über eine gewisse Strecke Weißleim weggeschliffen werden muß. Abhilfe schafft eine falsche Nasenleiste. Nach der Beplankung wird die Nase plangeschliffen und anschließend die richtige Nasenleiste angeleimt.

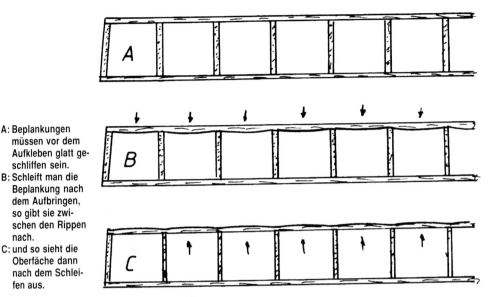

A: Beplankungen müssen vor dem Aufkleben glatt geschliffen sein.
B: Schleift man die Beplankung nach dem Aufbringen, so gibt sie zwischen den Rippen nach.
C: und so sieht die Oberfäche dann nach dem Schleifen aus.

Möglicherweise ist die erforderliche Beplankung größer als die käuflichen Balsabrettchen. In diesem Falle müssen wir die Brettchen sowohl in der Länge als auch in der Breite schäften. Um Balsabrettchen in der Breite zu schäften, müssen deren Kanten völlig geradlinig verlaufen. Wir legen beide Brettchen aufeinander und fixieren sie. An einem geraden Lineal schneiden wir mit einem senkrecht gehaltenen Messer beide Brettchen gemeinsam durch. Anschließend verbinden wir beide Brettchen mit Klebeband, klappen sie auseinander und tragen Klebstoff auf. Danach werden die Brettchen plan gelegt, der überschüssige Klebstoff abgestrichen und die Oberseite mit Klebeband fixiert. Einfacher ist es, die Klebefuge mit Blitzkleber zu bestreichen. Allerdings ist die Fuge, wenn die Brettchen flach liegen, schwer zu erkennen.

Zur Verlängerung von Beplankungsbrettchen können wir eine Schäftung von 45° vornehmen. Bei langen Beplankungen würde dies aber eine Verschwendung von Material bedeuten. Durch eine Zick-Zack-Verbindung können wir die Länge der Schäftung verkürzen.

Allerdings müssen wir beim Schneiden sehr sorgfältig vorgehen. Das Messer muß genau senkrecht gehalten werden.

Eine Schäftung können wir umgehen, wenn wir den Stoß der Beplankung auf eine dickere Rippe legen. Eine andere Möglichkeit wäre, den Stoß innen mit einem Balsastreifen zu verstärken und die Rippe entsprechend niedriger zu schneiden.

Verstärkungen und Verkastungen

Verstärkungsecken schneiden wir aus Balsaresten im richtigen Winkel aus. Die Faserrichtung muß aber stimmen. Bei Winkeln über 90° verläuft die Faser entlang der längsten Seite, bei spitzen Winkeln entlang der Winkelhalbierenden.

Verkastungen schneiden wir am besten im voraus zurecht, da wir sie als Abstandshalter beim Aufbau des Flügels benutzen. Zuerst schneiden wir einen Holzstreifen in der Breite des Rippenabstandes zurecht. Danach werden die einzelnen Streifen entsprechend der Rippenhöhe abgeschnitten und sofort numeriert.

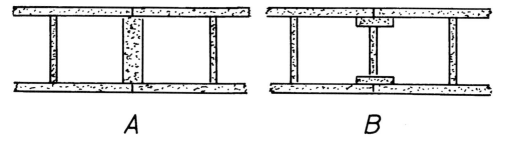

A = Beplankungsstoß auf einer dickeren Rippe; B = Beplankungsstoß mit Verstärkungsstreifen.

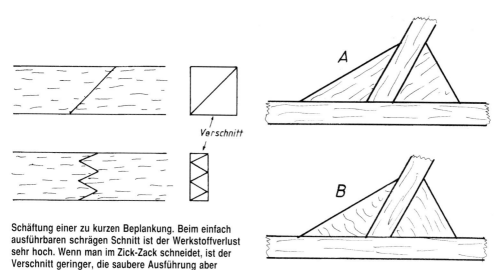

Schäftung einer zu kurzen Beplankung. Beim einfach ausführbaren schrägen Schnitt ist der Werkstoffverlust sehr hoch. Wenn man im Zick-Zack schneidet, ist der Verschnitt geringer, die saubere Ausführung aber schwieriger.

Verstärkungsecken: A ist richtig, B falsch.

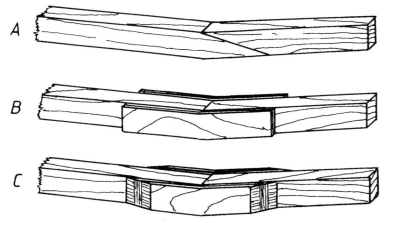

Flügelknick bei Brettholmen:
A: Die einfache unverstärkte Schäftung empfiehl sich nur bei sorgfältiger Verleimung.
B: beidseitige Sperrholzverstärkung
C: Besser ist eine abgeschrägte Verstärkung.

Verstärkung von Flügelknicken:
A: Ein eingeklebter Formklotz ist einfach zu bauen, aber durch die plötzliche Änderung des Querschnittes bruchgefährdet!
B: Besser ist dieser Formklotz mit sanfter Querschnittsänderung.
C: beidseitige angeschrägte Sperrholzverstärkung
D: beidseitige Sperrholzverstärkung mit sanftem Übergang

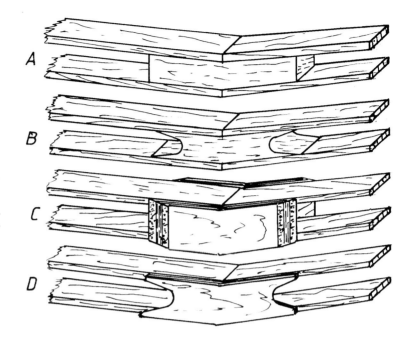

Verstärkungen gepfeilter Brettholme:
A: Formklotz
B: Sperrholzaufleimer, die vorgeformt werden sollten.
C: abgeschrägte Sperrholzverstärkungen

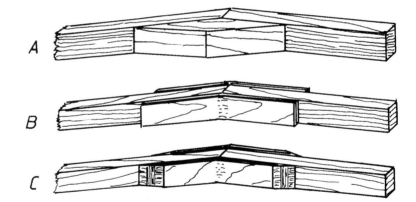

Hilfsleisten und Schablonen

Bevor wir nun mit dem Zusammenbau beginnen, sollten wir noch überlegen, welche Hilfsleisten und Schablonen wir benötigen.

Hilfsleisten sind bei manchen Flügelkonstruktionen als Unterlage für Nasen- und Endleiste, seltener für die Holme herzurichten. Unter Umständen müssen diese Leisten in der Länge oder im Querschnitt keilförmig hergerichtet werden. Machen wir hier Fehler, wird auch der fertige Flügel Fehler aufweisen.

Schablonen erleichtern das Ausrichten der Rippen, so daß deren Abstände stimmen. Nicht immer liegt die Rippe direkt auf dem Bauplan auf, dann könnte beim Aufbau ein Parallaxenfehler entstehen, wenn die Rippenposition nicht

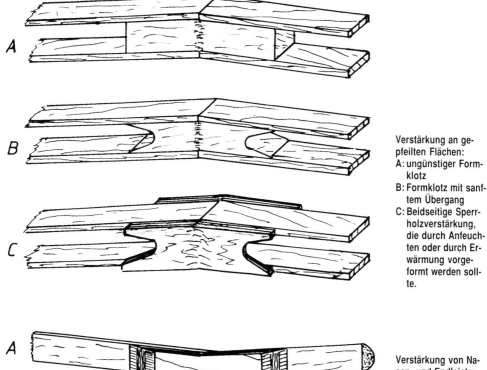

Verstärkung an gepfeilten Flächen:
A: ungünstiger Formklotz
B: Formklotz mit sanftem Übergang
C: Beidseitige Sperrholzverstärkung, die durch Anfeuchten oder durch Erwärmung vorgeformt werden sollte.

Verstärkung von Nasen- und Endleiste:
A: abgeschrägter Sperrholzaufleimer hinter einer Nasenleiste
B: Sperrholzverstärkung und zusätzliches Gewebeband an einer Endleiste

genau senkrecht von oben betrachtet wird. Außerdem verhindert die Schablone, daß die Rippen schief eingebaut werden. Für die Wurzelrippen benötigen wir eine Schablone mit dem entsprechenden Einbauwinkel. Nehmen wir diesen vom Plan ab, so ist das ungenau. Besser ist es, den Winkel mit einem Lineal entlang der V-Form des Flügels zu schneiden. Am sichersten gelingt es mit zwei Schablonen, eine vorne und eine hinten an der Wurzelrippe.

Bauplan

In den meisten Fällen werden wir den Flügel auf dem Bauplan aufbauen. Da haben wir zwei Probleme: Der Bauplan muß durch eine übergelegte Folie vor herabtropfendem Klebstoff geschützt werden. Oft ist nur eine Flügelhälfte gezeichnet, wir müssen aber ein Spiegelbild des Plans für die andere Hälfte haben.

Als Schutz können wir die abgezogenen Schutzfolien von Bügelfolien verwenden. Klarsichtfolien aus dem Haushalt sind ebenfalls geeignet, doch sollten wir deren Benutzung vorher vom Haushaltsvorstand genehmigen lassen. Ferner kommen noch große Abdeckfolien in Frage. Am besten haben sich die Einwickelfolien von Blumen bewährt. Sie sind etwas steif, knittern also nicht, und wenn wir vorher

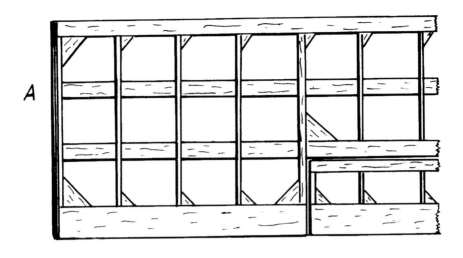
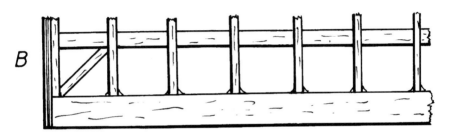

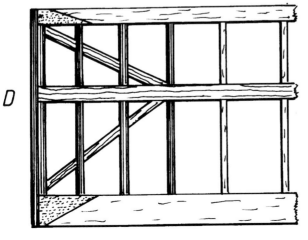

Verstärkungen und Verstärkungsecken:
A: Große Verstärkungen an der Wurzelrippe und am Querrudereinschnitt. Kleine Ecken ergeben größere Leimflächen an Nasen- und Endleiste.
B: Bei dicken Rippen sind Verstärkungen nicht notwendig. Es genügen zusätzliche Leimtropfen an der Endleiste.
C: Dünne Rippen und dünne, flexible Endleisten werden wie bei großen Flugzeugen durch aufgeleimte dünne Sperrholzdreiecke verstärkt.
D: Verstärkung der Flügelwurzel eines Seglers durch diagonale Streben. Nasen- und Endleiste sind im Wurzelbereich durch angeschäftete Hartholzleisten verstärkt.

der Hausdame deren Inhalt überreichen, haben wir perfekte Baubedingungen.

Um ein Spiegelbild des Plans zu erhalten, empfehlen die Baukastenhersteller, den Plan mit Öl einzureiben, um ihn durchsichtig zu machen. Diese etwas schmierige Methode erspart dem Hersteller die Kosten eines größeren Planes, bewirkt aber, daß beide Flächen gleich groß gebaut werden.

Wenn wir den Plan spiegelbildlich abzeichneten, würden durch die unterschiedliche Reaktion des Papiers auf Temperatur und Feuchtigkeit ungleiche Flächen entstehen.

Mit etwas räumlichem Vorstellungsvermögen kann man aber die andere Flächenhälfte auf dem Originalplan derart aufbauen, daß man Holme und Rippen so aufbaut, daß jetzt die Endleiste nach vorne und die Nasenleiste nach hinten weist. Das funktioniert natürlich nicht bei gepfeilten Flächen!

Wenn die Rippenabstände zufällig 50 mm betragen, können wir bei nicht gepfeilten Flügeln auf den Plan verzichten und ein Baubrett mit aufgedrucktem Raster (Graupner) verwenden. Falls dies nicht zur Verfügung steht, kleben wir einfach eine selbstklebende Folie mit Rasteraufdruck auf das Baubrett.

Gelegentlich besitzen wir nur einen verkleinerter Bauplan. In diesem Falle bleibt es uns nicht erspart, eine, wenn auch stark vereinfachte Draufsicht zu zeichnen.

Ehe wir nun vollen Eifers den Flügel aufbauen, sollten wir uns Gedanken über den Einbau von Rudermaschinen, Fahrwerken, Umlenkhebeln, Gestängen, Kabeln, Druckluftleitungen, Störklappen, Ruderscharnieren, Strebenbefestigungen und so weiter machen. Jetzt ist es noch viel einfacher, Rippen einzuschneiden, Holme zu verstärken und Löcher zu bohren. Wie wollen wir die Flächen befestigen, gegen Verschiebung sichern, elektrische Verbindungen herstellen, Gestänge anlenken? Sie sollten hier die beiden nächsten Kapitel zu Rate ziehen.

Kopieren wir die entsprechenden Positionen des Bauplans (mehrfach) und zeichnen die verschiedenen Möglichkeiten ein. Nach Auswahl der besten Möglichkeit können wir vor dem Einbau die notwendigen Einschnitte und Verstärkungen anbringen.

Pläne in Fachzeitschriften sind besonders anregend, sind doch solche Modelle „Unikate", also Einzelstücke, welche nicht auf jedem Flugplatz anzutreffen sind. Der Nachbau setzt aber voraus, daß Sie die gleiche Erfahrung wie der Konstrukteur besitzen. Vielleicht hat er auch das Modell inzwischen verbessert, den Plan aber nicht mehr geändert. Selbst wenn Sie solche Modelle nicht bauen wollen, sollten Sie doch Pläne genau studieren, um Anregungen und neue Erfahrungen zu gewinnen.

Bei Plänen von Baukastenmodellen regt der Hersteller an, daß Sie seine Fernsteuerung, sein Einziehfahrwerk, seine Störklappen, seine Rudermaschinen und seine Umlenkhebel einbauen. Sie sollten daher solche Pläne, die Bauanleitungen und die Stücklisten genau studieren und Änderungen beim Einbau einer anderen Anlage bereits vor dem Bau planen und sich unter Umständen mit einem erfahreneren Kollegen beraten.

Handelt es sich um einen Baukasten eines renomierten Herstellers, so können Sie davon ausgehen, daß es bei wörtlicher Befolgung der Bauanleitung und genauem Aufbau auf dem Plan keine Pannen gibt. Schließlich setzt der Hersteller seine Existenz aufs Spiel. Sollten Sie aber etwas ändern und gleichzeitig auf Nummer Sicher gehen wollen, dann bauen Sie doch einfach zwei Flächen, eine nach Plan und die zweite nach Ihren eigenen Ideen.

Das Baubrett

Jeder Flügel kann nur so gerade wie das Baubrett sein. Außerdem erwarten wir vom Baubrett, daß es sich nicht eindrücken läßt, andererseits aber ohne Kraftaufwand Stecknadeln aufnimmt.

Üblicherweise besteht das Baubrett aus Holz. Da sich dieser Werkstoff infolge von Schwankungen der Lufttemperatur und der Luftfeuchtigkeit verzieht, haben wir die Wahl

A: verzugsfreies Baubrett
B: Dieses Baubrett ist gewölbt. Holme und Endleisten müssen unterlegt werden.
C: Ein völlig verzogenes Baubrett ist ungeeignet.

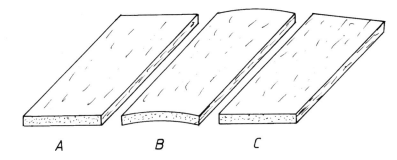

A: Ein langes Baubrett muß sorgfältig unterstützt werden, damit es sich nicht durchbiegt.
B: Hier wird das vorher fertiggestellte Flügelohr mit dem Innenflügel zusammengebaut.
C: Beim Möwenknickflügel wird der vorher gebaute Innenflügel mit dem Außenflügel zusammengebaut.

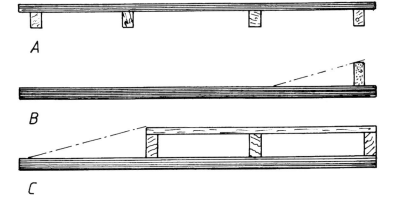

A: Die beiden Hälften des Baubretts sind mit Metallbeschlägen in der richtigen V-Form verbunden und an den Enden unterlegt. Für ein großes, teures Modell kein zu großer Aufwand!
B: Hier werden Mittelstück und Außenflügel einer Corsair auf dem Rücken zusammengefügt. Die Unterlage für das Mittelstück liegt dem Baukasten bei.

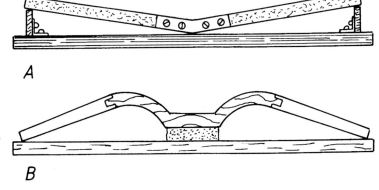

Durch einen Kamm als Abstands- und Winkellehre lassen sich beide Flügelhälften schnell und sauber aufbauen.

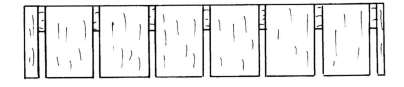

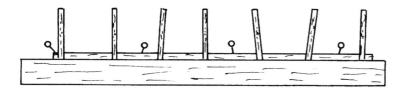

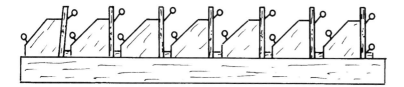

Im oberen Bild sind die Rippen nicht lotrecht und in ungleichmäßigen Abständen aufgesteckt, im unteren wird dies durch Montagewinkel verhindert.

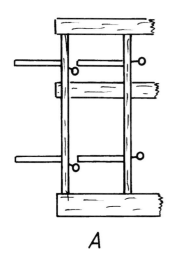 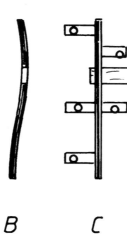

A: Unverzogene Sperrholzrippen sind einfach einzubauen.
B: Solch eine krumme Rippe muß ersetzt werden.
C: Leicht verzogene Sperrholzrippen kann man durch angesetzte Klötzchen beim Verleimen gerade halten.

 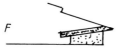

Verschiedene Möglichkeiten des Festheftens der Holme und Endleisten:
A: Die Nadel muß schräg eingesteckt werden, damit man sie nach dem Beplanken der Oberseite der Flügelnase herausziehen kann.
B: Kneift man den Kopf der Nadel ab, kann man diese später von unten herausziehen.
C: Für eine dünne Endleiste empfiehlt sich eine Nadel mit breiter Auflage, welche sich nicht in das Holz eindrückt.
D: Keinen Nadeleindruck hinterläßt ein Holzplättchen, welches hinter der Endleiste eingesteckt wird.
E: Eine zweiteilige Endleiste muß vor dem Einbau schräg geschliffen werden
F: Hier muß die Endleiste unterlegt werden.

Aufbau des Flügels eines Seglers mit Rippenfüßchen:
A: Auf dem Rücken. Der Obergurt wird festgesteckt. Die Endleiste ruht auf dem Rippenfüßchen. Die Nasenleiste ist hier nicht unterlegt.

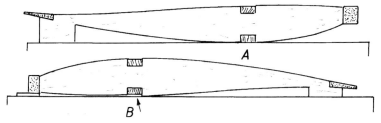

B: Hier ist die Nasenleiste unterlegt. Die Endleiste liegt auf dem Rippenfüßchen. Aufpassen: Auch der Untergurt muß hier unterlegt werden!

Wichtig ist das sorgfältige Unterlegen der Endleiste.
A: Richtig: Rippenende und Endleiste sind unterlegt.
B: Falsch: Nicht unterlegt.
C: Falsch: Zu stark unterlegt.

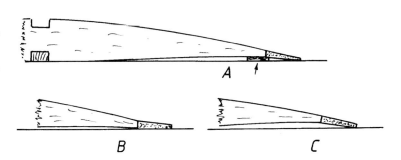

Flügelaufbau bei flachen oder nach unten gewölbten Profilen:
A: Der Flügel wird über der unteren Beplankung aufgebaut. Nach dem Verleimen wird die Beplankung an der Nase Rippe für Rippe angehoben und mit Blitzkleber verleimt.
B: Mit dieser dicken Nasenleiste fällt die Beplankung fort.
C: Die Rippe ist längs geteilt. Holme, Nasen- und Endleiste liegen direkt auf. Die Rippen werden über die Holme gesteckt.
D: Nach dem Abnehmen des Flügels werden die unteren Rippenteile angeleimt.
E: Hier sind die Rippen nicht geteilt und werden auf die Holme aufgefädelt. Holme, Nasen- und Endleiste müssen bei jeder Rippe unterlegt werden.

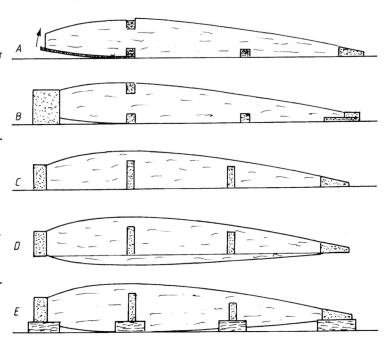

zwischen der recht preiswerten Spanplatte, deren harte Oberfläche Stecknadeln nicht gerne aufnimmt, Stäbchenplatten, welche verzugsfest, aber sehr teuer sind, und verleimten Balsabrettern. Letztere haben genutete Hartholzstreifen, mit denen man die Bretter sauber aneinander fügen kann, und ein aufgedrucktes Raster. Dadurch ist es möglich, einen Flügel, bei einem dem Raster entsprechenden Rippenabstand, ohne Plan aufzubauen.

Zum Festheften der Bauteile auf dem Baubrett benötigen wir ferner Unmengen von Glaskopfstecknadeln. Außerdem sind Leisten verschiedener Stärken als Unterlagen notwendig.

Das Baubrett bietet zwar eine annehmbare Unterlage, verhindert aber nicht unterschiedliche Rippenabstände, schiefe Endleisten, geneigte Rippen. Daher benötigen wir zusätzliche Hilfsmittel.

Montagewinkel dienen zum genauen Ausrichten der Rippen auf dem Plan und zur genauen senkrechten Stellung. Sie können diese aus einem Balsabrettchen von etwa 4 mm Stärke genau rechtwinklig ausschneiden. Zur Wiederverwendung sollten Sie diese in einem Kasten aufbewahren.

Abstandslehren sind ebenfalls sehr praktisch, aber nur für den vorgegebenen Rippenabstand zu verwenden. Bei Eigenkonstruktionen oder bei einer Serienfertigung sind sie aber schneller aufzubauen als Montagewinkel.

Vorrichtungen

Wenn wir viele ähnliche Modelle bauen, lohnt sich eine Vorrichtung. In dieser können wir den Flügel zum Beispiel nach dem Beplanken der Oberseite wenden und ohne weitere Aufspannarbeit die Unterseite beplanken. Vorrichtungen sind aber sehr aufwendig herzustellen, und die Rippen müssen einzeln nacheinander aufgefädelt werden und daher genau passende Bohrungen erhalten.

Zwei solcher Vorrichtungen sind aus den USA bekannt geworden. Das A-justo-jig be-

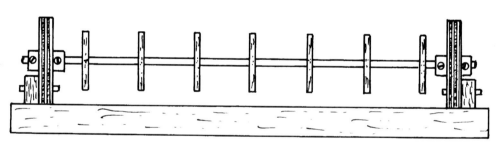

Hier sind die Rippen auf durchgehenden Stahldrähten aufgereiht. Nach dem Beplanken der Oberseite wird das Gestell umgedreht und die Unterseite beplankt. Danach können die Drähte herausgezogen werden.

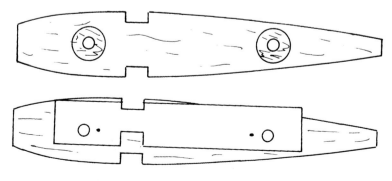

Zur exakten Aufreihung werden die Rippen zuerst durch Sperrholzaufleimer verstärkt und danach mittels einer Lehre durchbohrt.

nutzt eine geteilte Grundleiste, die entsprechend der V-Form eingestellt werden kann. Auf der Leiste sind verschiebbare Auflageklötze angebracht, welche entsprechend den Rippenabständen verschoben werden können. In Nuten der Klötze werden die Stahldrähte mit den aufgefädelten Rippen eingelegt. Die ganze Vorrichtung kann um 360° gedreht werden, so daß die Fläche mit festgelegter V-Form von oben und von unten sowie von vorne und von hinten bearbeitet werden kann.

Das RCM Wing Jig ist einfacher, da nur zwei Drahtauflagen vorhanden sind. Daher muß der Rippenabstand durch zusätzliche Schablonen festgelegt werden. Um die Unterseite bearbeiten zu können, müssen die Endlagerungen nach dem Abheben der Fläche neu entsprechend der V-Form eingestellt werden. Bei dieser Vorrichtung besteht natürlich die Gefahr, daß sich die Drähte und damit der Flügel beim Bearbeiten durchbiegen.

Solche Vorrichtungen eignen sich eher für kurze Flügel mit dicken Rippenprofilen als für lange, dünnprofilierte Seglerflächen.

Leimen und Kleben

Beim Verleimen werden die zu verbindenden Holzteile nach dem Auftragen des Leims zusammengefügt und bis zum Abbinden des Leims gepreßt. Voraussetzungen sind also:

— genau passende Verbindungen ohne deutliche Spalte
— poröse Werkstoffe, z.B. Holz, in welche Leim und Lösungsmittel eindringen können
— genügend Preßdruck, damit der Leim in den Werkstoff eindringen kann

Beim Kleben können auch nicht poröse Werkstoffe verbunden werden. Der Klebstoff dringt nicht dann in den Werkstoff ein, sondern wirkt nur durch seine außerordentlich große Haftkraft (Adhäsion). Die Festigkeit wächst mit zunehmender Ausdehnung der Leimfläche. Fingerabdrücke, Fettflecke und Schleifstaub sind Feinde einer geleimten und einer geklebten Verbindung!

Beim Modellbau werden wir in den meisten Fällen weder genaue Passungen noch hohe Preßdrücke erzielen können. Daher müssen wir uns auf die gute Haftkraft des Leims oder Klebstoffs verlassen. Dabei zeigen sich einige Nachteile: Ein Überschuß an Leim oder Kleber ist teuer und gewichtig. Überquellender Klebstoff erschwert das Schleifen und Verputzen. Bei verdeckten Verleimungen, z.B. Beplankungen, ist die Qualität der Verleimung von außen kaum zu überprüfen!

Neben einer sauberen Passung müssen wir daher bei Verleimungen folgendes beachten:

— Sogenannte Nagelleisten ergeben eine bessere Pressung als eine Vielzahl von einzelnen Stecknadeln.
— Verschmutzen durch überquellenden Klebstoff können wir durch Abdecken mit Klebeband und durch Abstreifen des Überschusses vermeiden.
— Beplankungen und andere gewölbte Teile sollten vor dem Verleimen vorgeformt werden. Das geschieht am einfachsten durch Anfeuchten der Außenseite mit Wasser.

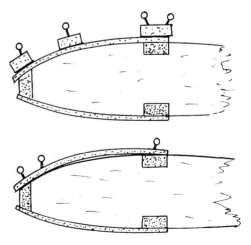

Nur durch aufgesetzte Nagelleisten erreicht man, daß die Beplankung völlig mit der Rippe verbunden wird. Unterläßt man dies, ist die Verleimung und der Profilverlauf unsicher.

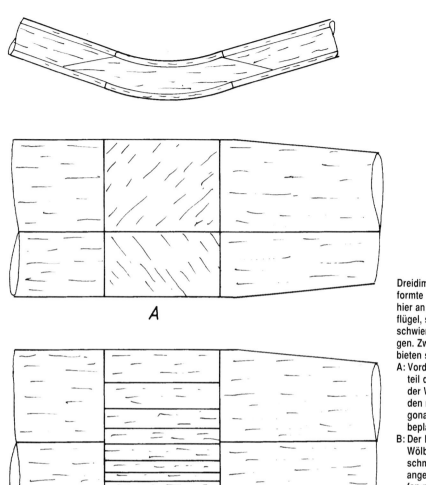

Dreidimensional geformte Beplankungen, hier an einem Knickflügel, sind sehr schwierig anzubringen. Zwei Methoden bieten sich an.
A: Vorder- und Hinterteil des Bereichs der Wölbung werden mit Platten diagonaler Maserung beplankt.
B: Der Bereich der Wölbung wird mit schmalen, genau angepaßten Streifen mit Maserung in Richtung der Spannweite beplankt.

- Aus mehreren Stücken zusammengeklebte Beplankungen müssen bereits vor dem Aufleimen glatt geschliffen werden.
- Besonders Sperrholzteile müssen vor dem Verleimen angeschliffen werden, um das bei der Herstellung verwendete Trennnmittel zu entfernen.

Da wir einerseits möglichst schnell unser geliebtes Modell fertigstellen wollen, andererseits aber die Möglichkeit bestehen muß, falsch angebrachte Teile wieder abzulösen oder zu verschieben, spielt die Geschwindigkeit des Abbindens eine große Rolle.

Schnellhärtende Hartkleber erstarren schnell an der Oberfläche. Wie langsam das unter der Oberfläche vonstatten geht, merkt man beim vorzeitigen Ansetzen des Balsahobels. Hervorgequollener Kleber läßt sich gut verschleifen. Leider ziehen sich Hartkleber beim Erstarren zusammen, sie schrumpfen, und das führt bei ungenauen Passungen zum Verzug. Dennoch ist dies der traditionelle Klebstoff für Holzverbindungen im Modellbau.

Moderne Weißleime trocknen langsamer an der Oberfläche und bleiben dabei weich, d.h. schwer zu schleifen. Beim Pressen erfolgt aber eine feste Haftung nach nur zehn Minuten, denn der Leim wird in die Holzporen eingedrückt. Sie sind also die wahren Schnellkleber, solange wir gut pressen und überquellenden Leim entfernen.

Kontaktkleber eignen sich nur für große Verbindungsflächen. Die Festigkeit ist abhängig vom Anpreßdruck, und dieser ist im Zweifelsfalle unsicher! Trotzdem ist diese Methode zum Aufbringen von Beplankungen gut geeignet.

Blitzkleber sind ideal für das schnelle Heften von Teilen bei der Montage und für das Verleimen von sehr genau passenden Teilen, da der Kleber sofort in die engen Spalte eindringt. Selbstverständlich müssen die Teile in ihrer endgültigen Stellung genau festgelegt sein; Finger sollten zum Festhalten mit Vorsicht genutzt werden, da sie ja nicht als Teil des Modells festgeklebt sein sollen.

Reaktionskleber wie Epoxidharze können alle Werkstoffe verbinden. Zu empfehlen sind die Harze mit längerer Aushärtezeit, da diese eine höhere Endfestigkeit ergeben. Durch Erhitzen mit einem Fön kann man die Aushärtung beschleunigen und die Endhärte verbessern.

Da es Hunderte von Harzen und Harz-Härter-Kombinationen gibt, bleibt es uns nicht erspart, die für jede Anwendung zweckmäßigsten Komponenten auszuprobieren! Anwendung: Verbindungen von Metallen, Kunststoffen und Holz, auch untereinander.

Vorsichtsmaßnahmen

Leime und Klebstoffe, besonders Epoxidharze und Blitzkleber, können durch Holzporen und Spalten hindurchlaufen. Daher müssen unbedingt der Plan und das Baubrett mittels Folie abgedeckt werden.

Überquellende Klebstoffe lassen sich schlecht verschleifen. Weißleime bleiben an der Oberfläche elastisch, Hartkleber sind härter als Balsaholz. Aus Vorsicht sollten die Ränder der Klebestellen mittels Klebeband abgedeckt werden.

Wenn man bei verstopften Düsen die Klebstofftube mit Gewalt drückt oder aufrollt, kann diese aufreißen. Der ausquellende Kleber beschmutzt die Finger und, noch schlimmer, das Werkstück.

Beim Versuch, ein verklebtes Blitzkleberfläschchen zu öffnen, kann sich die Düse lösen und der Kleber sich wie der Blitz - daher der Name - überall, hoffentlich nicht auf der Kleidung, verbreiten. Zwar gibt es Reinigungsmittel für Blitzkleber, aber die sind bei größeren Flächen wenig wirksam.

Gegen verstopfte Düsen hilft nur eiserne Disziplin: Nach jeder, auch nur der kürzesten Benutzung muß man die Düsenspitze mit einem Papiertaschentuch sorgfältig reinigen und dann erst den Verschluß dicht aufschrauben. Papiertaschentücher sind preisgünstiger als halbvolle, unbenutzbare Blitzkleberfläschchen.

Die Verbindung zum Rumpf – Flächenbefestigungen

Gummiringe

Die Befestigung von Flächen mit Gummiringen sieht zwar häßlich aus, ist aber einfach herzustellen und gibt bei harten Landungen nach oder reißt ab. Es werden lediglich zwei Dübel oder Haken am Rumpf befestigt, über welche dann die Gummiringe über den Flügel hinweg gezogen werden. Unterhalb der Gummiringe muß der Flügel beplankt sein. Die empfindliche Endleiste und besser auch die Nasenleiste müssen durch Sperrholz, Hartholz oder Draht verstärkt werden.

Anzahl und Länge der Gummiringe müssen sorgfältig gewählt werden. Von ihnen hängt die Festigkeit der Verbindung ab. Ist sie zu weich, kann sich der Flügel verschieben oder beim harten Abfangen oder im Schnellflug abheben, so daß sich das Flugverhalten dramatisch ändert. Zu straffe Befestigung kann die Beplankung eindrücken, und der Flügel gibt bei harter Bodenberührung auch nicht nach.

Aufsteckflächen

Aufsteckflächen sind in der Mitte geteilt und können auf verschieden Arten befestigt werden:
- Stahldrähte
- Flachstähle
- Rundstähle
- GFK- und CFK-Stäbe
- Sperrholzzungen
- Zungen aus Duraluminiumblech
- Schrauben

Aufsteckflächen benötigen Halterungen im oder am Rumpf. Lassen Sie sich Zeit bei deren Einbau! Kontrollieren Sie vor dem Einkleben oder dem Einharzen, ob die Flächen die richtige Lage zum Rumpf und den Leitwerken haben!

Stahldrähte

Sie sind die einfachste Art, geteilte Flügelhälften oder Innen- und Außenflügel zu verbinden. Da fast alle Flächen V-Form haben, müssen die Führungsröhrchen - meistens aus Messing - entsprechend im Winkel eingeharzt werden, das gilt auch bei Außenflügeln mit vergrößerter V-Form. Eine andere Möglichkeit, häufig bei Baukastenmodellen vorgesehen, ist die Verbindung mittels V-förmig abgewinkelter Drähte.

Nach einer harten Landung können sich die Drähte drehen, die Flügel haben danach negative V-Form, und der Vogel sieht so aus, als ob er brütet. Schlimmer ist es, wenn dies während einer rasanten Flugfigur passiert. Mit viel Erfahrung im Rückenflug läßt sich aber so ein verändertes Modell noch nach Hause bringen.

Flachstähle

Seglerflächen größerer Spannweite werden geteilt gefertigt und mit hochgestellten Stahlzungen am Rumpf angesteckt. Der Vorteil ist

Befestigung von Flügeln auf dem Rumpf mit Gummiringen:
A: Der Flügel kann sich verschieben und verkanten. Als Folge ändern sich ständig die Flugeigenschaften!
B: Hier stößt der Flügel vorne gegen eine Rumpfkante. Hinten wird er durch eine auf den Rumpf aufgeklebte Dreikantleiste aus Hartholz am Verschieben gehindert.
C: Der Flügel sitzt vorne in einer Aussparung des Rumpfes und wird mit Schrauben auf einem Brettchen im Rumpf befestigt. Nach längerem Flugbetrieb kann sich der Flügel verkanten.
D: Die dauerhafteste Befestigung ist die mit einem Dübel an der Nase und mit Schrauben nahe der Endleiste.

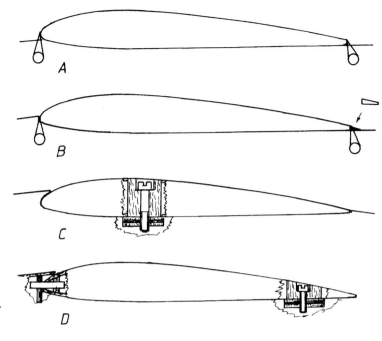

Befestigung von Flügeln auf einem Baldachin:
A und B: Bei dieser Befestigung kann sich der Flügel nach vorne und nach hinten verschieben. So wird jeder Start ein Abenteuer!
C: Einwandfreie Befestigung auf einer Platte mittels Schrauben. Bei Doppeldeckern kommen Sie aber schwer an die Schraubenköpfe heran!

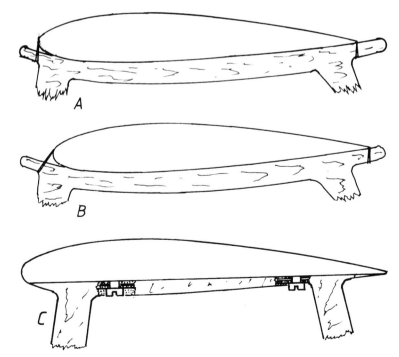

Verschiedene Möglichkeiten für steckbare Flächen bei Seglern

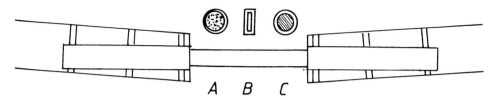

1. Durchgehend gerader Stab:
A: Stab aus GFK oder CFK in Messingrohren. Da sich der Stab nicht verbiegt, sondern im Ernstfall bricht, läßt er sich leicht entfernen, sofern sich das dann noch lohnt.
B: Ein hochkant stehender Stahlstab in Rechteck-Messingrohren. Wird der Stahl verbogen, läßt er sich nicht mehr aus dem Rumpf herausziehen.
C: Auch ein Rundstahlstab in Messingrohren läßt sich, wenn er verbogen ist, nicht mehr aus dem Rumpf entfernen.

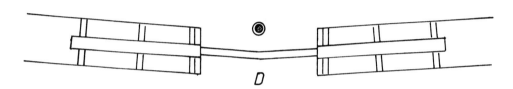

2. Stahldraht:
D: Ein V-förmig gebogener Stahldraht ist im Rumpf eingeharzt. Im Flügel sitzt er in Messingröhrchen. Geeignet für leichte Segler.

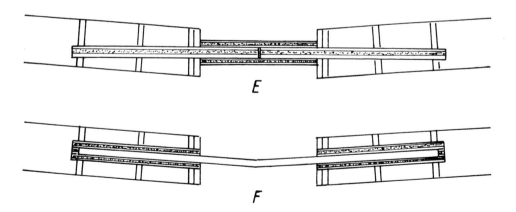

3. Zungenbefestigung:
E: Sperrholzzungen des Flügels greifen in Zungenkästen des Rumpfes ein. Ideal für Freiflug-Segler.
F: Im Rumpf ist eine Zunge aus Duraluminiumblech eingeharzt. Die Zungenkästen aus Sperrholz befinden sich in den Flächen. Gut geeignet für Segler ohne Querruder. Die Flügel sollten durch eingesteckte Dübel oder dünne Plastikschrauben gesichert werden.

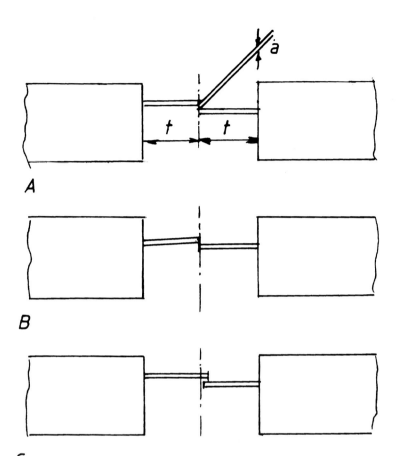

Kontrolle der Lage des Flügels zum Rumpf:
A: Flachstähle im richtigen Abstand a eingesetzt. Sie stehen im richtigen Maß t hervor.
B: Der linke Flachstahl ist nicht rechtwinklig eingeharzt.
C: Die Flachstähle sind unterschied tief eingesetzt.

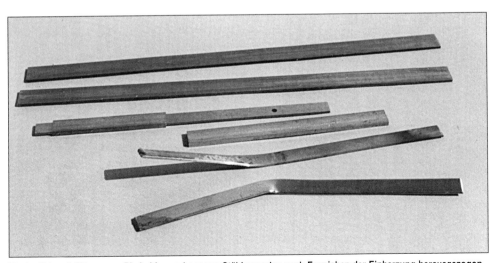

Flachstähle mit Führungen. Die beiden verbogenen Stähle wurden nach Erweichen der Einharzung herausgezogen.

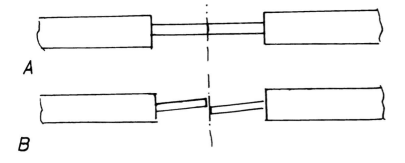

Flachstähle von vorne gesehen:
A: Flachstähle richtig eingeharzt
B: Flachstähle schräg eingesetzt. Die Flächen erhalten unterschiedliche V-Form.

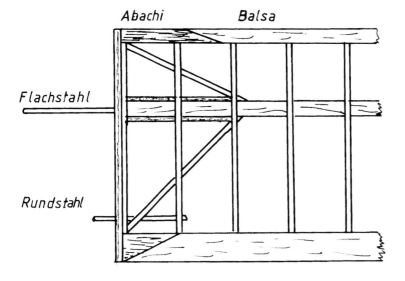

Bei Befestigungen mit Flachstählen können die Flächen nach vorne oder nach hinten federn. Um das Eindrücken von Nasen- und Endleiste zu verhindern, sollten Diagonalstreben aus Kiefernleisten eingesetzt werden. Weiteren Schutz bieten angeschäftete Hartholzleisten.

die schnelle Montage. Allerdings müssen Querruder und Klappen mittels Gestänge und Gabel- oder Kugelköpfen mit den Rudermaschinen im Rumpf verbunden werden. Der Nachteil ist, daß beim Landen die Flächenhälften in Flugrichtung einfedern können. Dies verhindert zwar, daß die Aufhängung im Rumpf anbricht, bewirkt aber ein Verbiegen der Zunge. Auch werden die Ruder und Klappen gezogen, wodurch die Klappen beschädigt werden können.

Ein weiterer Nachteil dieser Befestigung könnte Ihnen gelegentlich Schmerzen bereiten: Im Bereich der Stahlzunge oder des Stahldrahtes ist die Biegefestigkeit des Flügels außerordentlich hoch. Daran schließt sich ohne Übergang die elastische Holzkonstruktion an.

An dieser Stelle entsteht eine Spannungsspitze, also eine mögliche Bruchstelle.

Verbogene Stahlzungen lassen sich schlecht richten. Man sollte daher überlegen, sie im Flügel nicht einzuharzen, sondern mit einer Vorrichtung einzuklemmen.

Die Stahlzunge wird zweckmäßig innerhalb des Hauptholmes untergebracht. Ein kurzer Stahldraht vor der Endleiste greift ebenfalls in den Rumpf ein und sichert den genauen Einstellwinkel des Flügels und fängt Verdrehungsmomente ab.

Da der Flügel sowohl nach vorne als auch nach hinten federn kann, sind Nasenleiste und Endleiste besonders auf Druck beansprucht. Es empfiehlt sich daher, beide über eine kurze Distanz durch angeschäftete Hartholzleisten

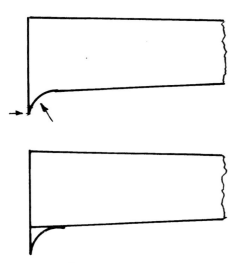

Flügel-Rumpf-Übergänge sehen sehr schön aus, brechen aber wahrscheinlich schon vor dem Fertigstellen ab. Daher sollte der Bogen abnehmbar sein und nur leicht mit Klebestreifen befestigt werden. Legen Sie Ersatzübergänge in die Werkzeugkiste!

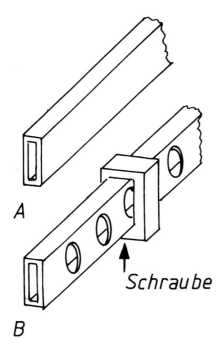

Vierkantmessinghülsen nehmen herausziehbare Stahlstäbe auf:
A: Der Flügel muß durch Federn oder ähnliches am Rumpf gehalten werden.
B: Eine Klemmbefestigung. Der Holm muß am Durchtritt der Schraube seitlich verstärkt werden!

(Abachi) zu verstärken. Auch sollten Druckstreben diese Kräfte auf mehrere Rippen und auf den Hauptholm verteilen.

Die Stahlzungen werden in Messingflachrohren geführt und durch Schrauben eingeklemmt. Die Zungen können im Flügel oder im Rumpf befestigt sein. Eigentlich müßten sie völlig herausziehbar sein, damit sie nach Verbiegungen gerichtet oder ausgetauscht werden können. Achten Sie darauf, daß Sie die richtige passende Kombination Zunge/Flachrohr haben. Vermeiden Sie auch die geringsten Kerben, da die Zunge dann an dieser Stelle bricht, hoffentlich erst bei der Landung!

Wenn Sie die Stahlzungen im Flügel einharzen wollen, so machen Sie das, auch wenn es die Bauanleitung anders beschreibt, bevor Sie die Befestigung im Rumpf einharzen.

Kontrollieren Sie die Passung im Zungenkasten. Die Zunge muß sich leicht einführen lassen, darf aber nicht zu stark nach oben, unten, vorne oder hinten klappern. Messen Sie, ob die Zunge mit der richtigen Länge herausragt, und umwickeln Sie das herausragende Ende sorgfältig mit Kreppband. Danach wird die Zunge herausgezogen, entfettet, mit feinem Schmirgelleinen in Längsrichtung aufgerauht und an dem Ende nicht mehr angefaßt. Die Wurzelrippe wird mit Kreppband abgeklebt und die Öffnung für die Zunge ausgeschnitten. Auch die ersten 5 cm der Beplankung werden zur Vorsicht abgeklebt.

Langsam abbindendes Epoxidharz wird in den Zungenkasten gefüllt. Dazu muß die Fläche senkrecht stehen. Bei einem 6-Meter-Segler ist das etwas schwierig, aber vielleicht steht Ihnen ein Treppenhaus zur Verfügung. Versuchen Sie mit einem dünnen Stahldraht das Harz gut im Zungenkasten zu verteilen. Warten Sie, bis das Harz durchgelaufen ist. Sie haben ja Zeit, weil das Harz langsam aushärtet. Wenn Sie weiteres Harz anmischen müssen, haben Sie vergessen, den Zungenkasten abzudichten, aber das passiert Ihnen sicher kein zweites Mal!

Jetzt schieben Sie die Zunge, nachdem Sie diese mit Harz eingestrichen haben, in den

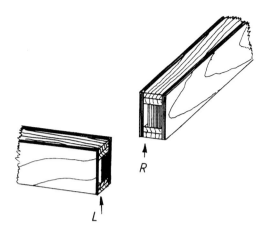

Zungenkästen aus Holz im Flügel zum Einharzen der Flachstähle. Da die Stähle im Rumpf versetzt gehalten werden, sind die Einlagen im rechten und linken Flügel einmal vorne und das andere Mal hinten.

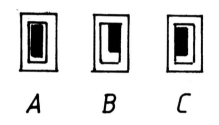

Die Flachstähle müssen mittig in den Flächenkästen eingeharzt sein:
A: Der Stahl sitzt genau in der Mitte.
B: Der Stahl sitzt hinten oben.
C: Der Stahl sitzt zu weit vorn.

Zungenkasten ein. Es wird reichlich Harz überquellen, aber darauf sind Sie ja mit Papier von der Haushaltsrolle vorbereitet. Erhitzen Sie anschließend die Zunge mit einem Heißluftgebläse. Dadurch wird das Harz dünnflüssig und rinnt leichter nach unten. Außerdem beschleunigt Wärme das Aushärten und verbessert die Endfestigkeit.

Rundstähle

Bei leichteren Seglern werden Rundstähle von 4 bis 5 mm Durchmesser verwendet. Sie sind häufig im Rumpf eingeharzt. Im Flügel befinden sich Messingröhrchen, welche auf die Stähle aufgeschoben werden. Diese Befestigung hält durch die Reibung zwischen Stahldraht und Rohr genügend sicher, zumal ja im Flugbetrieb die Drähte verbogen werden und daher besser klemmen. Auch diese Verbindung gibt bei harten Landungen nach, leider aber auch bei zu rasanten Hochstarts und in Sturzflügen. Auch entsteht dort, wo die Messingröhrchen im Flügel enden, eine Spannungsspitze, also Bruchgefahr. Bei Großseglern sind dicke Rundstähle von über 10 mm Durchmesser beliebt.

Rundstähle hoher Festigkeit und genauen Außendurchmessers zusammen mit den passenden Aluminium- oder Messingrohren sind schwierig zu beschaffen. Gegenüber Flachstählen haben sie den Vorteil, daß sie nicht federn

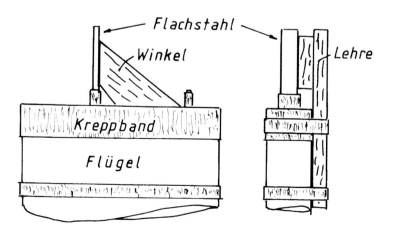

Zum Einharzen wird der Flügel senkrecht gestellt. Gegen überlaufendes Harz werden Flügelwurzel, Wurzelrippe, Flachstahl und Rundstahl mit Kreppband abgedeckt. Eine Lehre sorgt für den richtigen Abstand und senkrechtes Einharzen. Zum gleichen Zweck dient der rechte Winkel.

und daß sich der Flügel nicht gegenüber dem Rumpf bewegen kann. Bei zu hoher Beanspruchung zerbrechen sie die Lagerung im Rumpf. Sollten sie sich wegen ungenügender Festigkeit verbiegen, so können sie nicht mehr aus dem Flügel entfernt werden.

GFK- und CFK-Stäbe

Gegenüber Rundstählen besticht das geringe Gewicht. Auch hier ist die Auswahl der Hersteller klein. Die Selbstherstellung ist sehr schwierig und erfordert eine Negativform. In diese müssen die eingeharzten GFK- oder CFK-Rovings eingezogen werden. Besonders schwierig ist die Anfertigung eines Stabes in V-Form.

Ehe Sie sich für solche Flächenbefestigungen entscheiden, sollten Sie die Elastizität dieser Werkstoffe bedenken. Stahl ist sehr elastisch. Wird die Elastizitätsgrenze überschritten, verbiegt er sich. GFK ist ebenfalls ziemlich elastisch, aber bei Überbeanspruchung zerbricht der Werkstoff. CFK ist hochfest und kaum elastisch.

Man könnte dies technologisch mit den Begriffen Bruchgrenze und Elastizitätsmodul erklären. Anschaulicher ist eine Beschreibung des Verhaltens in der Praxis eines Seglers beim Windenhochstart.

Rundstahl: Die Stahldrähte biegen sich. Bei Überbeanspruchung entsteht eine bleibende Verformung. Vielleicht kann man sie richten.

GFK-Stab: Die Stäbe biegen sich entsprechend der Beanspruchung. Bei zu starker Beanspruchung brechen sie. Bei Stahl- und GFK-Stäben können aber Pilot und Windenfahrer die Überbeanspruchung erkennen und rechtzeitig reagieren.

CFK-Stab: Die Stäbe biegen sich nicht. Bei Überbeanspruchung brechen Sie ohne Vorwarnung mit einem unüberhörbaren Knall.

Befestigung bei Flügelsteuerung

Bei flügelgesteuerten Modellen werden anstelle von Querrudern beide Flächenhälften gegensinnig für die Steuerung um die Längsachse verdreht. Ebenfalls kann man mittels moderner Mischer im Sender durch gleichsinniges Verdrehen der Flügel das Modell um die Querachse steuern. Infolge der direkten Anlenkung an die Rudermaschinen ist die Anlenkung praktisch spielfrei. Einzelheiten werden im nächsten Kapitel behandelt.

Als Flächenbefestigung verwendet man Rundstähle, welche im Flügel befestigt werden. Diese ragen in eine Lagerung im Rumpf hinein und müssen sowohl die Biegekräfte aufnehmen als auch verdrehbar sein. Da sich die Drähte durch die Belastungen im Fluge biegen, würden sie in den Lagerrohren klemmen und damit den Flügel unsteuerbar machen. Dies

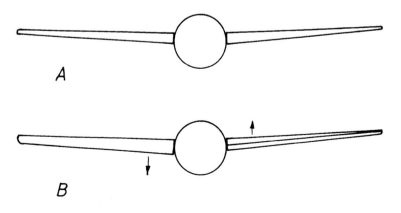

Bei der Flügelsteuerung werden die beiden Flächen entgegengesetzt um geringe Beträge verdreht.

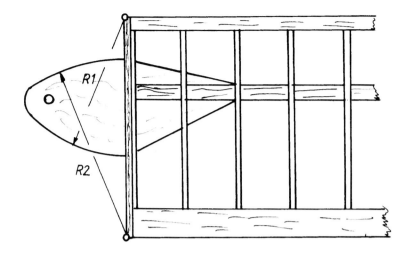

Beachten Sie die vorderen und hinteren Radien an Zungen und Zungenkästen!

sollte man durch den Einbau von Kugellagern verhindern.

Der Befestigungsdraht befindet sich wie üblich annähernd im Schwerpunkt. Die Steuerung greift in einen in den Rumpf hineinragenden Zapfen an der Flügelnase ein.

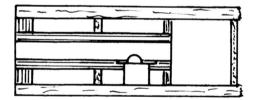

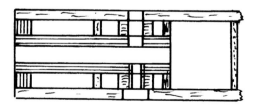

Sicherung der Flügelzungen: Die Zunge wird durch einen Kugelschnapper gehalten (oben). Wenn die Zunge durch eine von unten eingedrehte Kunststoffschraube (unten) gehalten wird, muß die Bohrung bis auf die Oberseite durchgehen, damit man eine abgescherte Schraube entfernen kann.

Zungenbefestigung

Bei Freiflugmodellen der Oberklasse waren Zungenbefestigungen sehr beliebt. Die Zunge aus starkem Sperrholz oder Duraluminium war entweder im Flügel oder im Rumpf befestigt. Das Gegenstück bildete der Zungenkasten. Selbst bei Fernlenkmodellen wurden anfänglich solche Zungen verwendet.

Der Vorteil dieser Befestigung ist, daß sich der Flügel bei Überbeanspruchung vom Rumpf löst. Selbstverständlich ist eine solche Befestigung nur für einfache Flügel ohne Querruder und Klappen möglich. Gegen unbeabsichtigtes Lösen werden die Flügelzungen durch Kugelschnapper, Stifte oder Kunststoffschrauben gesichert.

Verschraubungen

Bei den ungeteilten Flächen der Motormodelle hat sich die Verschraubung bewährt. Üblicherweise sind an der Nase des Flügels ein oder zwei Dübel eingesetzt, welche in den Rumpf einrasten. Die Hinterkante des Flügels wird mit einer oder zwei Kunststoffschrauben am Rumpf befestigt. Meistens werden Schrau-

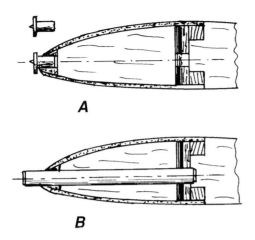

Zum Markieren der Bohrungen für die Dübel der Flächenbefestigung im Rumpfspant eignen sich die für Möbelmontage verwendeten Körnereinsätze. Der Einsatz wird in das entsprechend vorgebohrte Loch eingesetzt (A) und durch Drücken die Lage der Bohrung im Rumpfspant angezeichnet. Nachdem der Einsatz herausgenommen ist, wird die Bohrung auf den Durchmesser des Dübels erweitert (B).

ben mit zu großem Durchmesser gewählt. Schließlich sollen sie bei Überbeanspruchung brechen.

Sollte es soweit kommen, werden auch die Dübel abbrechen, und Sie sollten sich daher überlegen, wie Sie diese aus dem Flügel entfernen, ohne daß Reststücke klappernd im Flügel herumwandern. Eine Möglichkeit wäre die Lagerung der Dübel in einem Röhrchen, welches rückseitig verschlossen ist.

Die Schraubenköpfe müssen auf jeden Fall auf einer Hartholzauflage des Flügels aufliegen. Wenn Sie die Schraubenköpfe versenken wollen, muß an dieser Stelle ein Hartholzklotz eingeleimt sein. Da die Schraube senkrecht zur Unterseite des Profils eingesetzt wird, müssen Sie die Mutter innerhalb des Rumpfes entsprechend geneigt befestigen. Aber das liegt außerhalb des Themas.

Bei Doppeldeckern wird der Oberflügel meistens mit dem Baldachin verschraubt. Da-

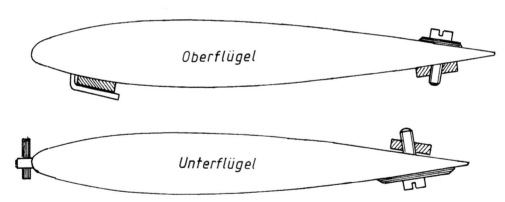

Diese Doppeldeckerflächen sind leicht zu montieren und sitzen stets unverschiebbar in der richtigen Stellung.

Ist das Fahrwerk am Rumpf weit hinten befestigt, sollte die Vorderkante des Flügels ausgeklinkt werden. So kann das Fahrwerk am Rumpf verbleiben, und der Flügel läßt sich leichter stapeln.

her müssen im Flügel Einschlagmuttern befestigt werden. Beachten Sie bitte drei Dinge: Die Muttern dürfen sich auf keinen Fall lösen, wenn die Schrauben bei einem Unfall brechen. Ebenfalls dürfen sich die Muttern nicht lösen, wenn Sie versuchen, abgebrochene Schrauben zu entfernen. Wenn die Schrauben nicht lotrecht, sondern senkrecht zum Profilverlauf sitzen, müssen auch die Muttern entsprechend geneigt eingesetzt werden.

Streben und Verspannungen

Herkömmliche Modelle kommen ohne Streben und Verspannungen aus, da die Flügelkonstruktion genügend Widerstand gegen Verbiegen und Verdrehen bietet. Selbst Kunstflug-Doppeldecker haben ohne diese Hilfen genügend Festigkeit. Schließlich würden sie sonst keine guten Flugeigenschaften haben.

Anders ist dies bei Scale- und Semiscale-Modellen. Selbstverständlich sind viele solcher Modelle ohne diese Hilfen genügend widerstandsfähig. Da wir aber das Original nachbilden, gehören Streben und Verspannung dazu. Keine Verspannung ist die Imitation durch schwarze Gummifäden aus dem Warenhaus. Oldtimer haben stets dünne Flügelprofile. Daher benötigen auch deren Modelle eine Verspannung, welche Kräfte aufnehmen kann. Noch schwieriger wird die Verspannung bei Oldtimern mit Flügelverwindung anstelle von Querrudern.

Streben

Moderne Doppeldecker benötigen weder Verstrebung noch Verspannung. Alle anderen müssen zwischen Ober- und Unterflügel verstrebt werden. Besonders bei Flügeln mit Querrudern in Ober- und Unterflügeln sichern nur Streben den gleichmäßigen Ruderausschlag, da ja meistens die Querruder von nur einer Rudermaschine im Unterflügel betätigt werden.

Bei Hochdeckern wird der Flügel auf einem Baldachin befestigt. Häufig ist der Flügel zum Rumpf abgestrebt. Die Streben nehmen nicht nur Biege-, sondern auch Verdrehungskräfte auf.

Es gibt viele Variationen der Befestigung der Streben oder des Baldachins. Bei selbsttra-

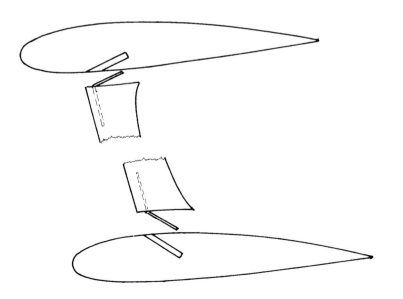

Befestigung der Streben zwischen Ober- und Unterflügel mittels Stahlhaken in Messingröhrchen. Bei der Montage, der Demontage und bei harten Landungen durchstechen diese Drähte die Bespannung!

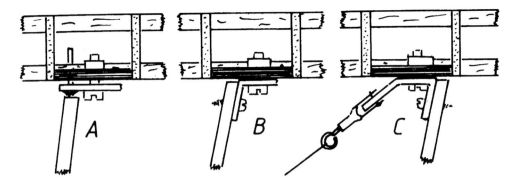

Viele Oldtimermodelle sind so kompakt, daß man sie komplett montiert transportieren kann. In diesem Falle empfiehlt sich eine Befestigung mit Kunststoffschräubchen. Im Flügel werden Einschlagmuttern eingeklebt.

A: Die Strebe ist ein mit Holz verkleideter Stahldraht, der zur Führung in eine Sperrholzplatte des Flügels eingesteckt wird. Daher besteht die Gefahr, bei der Montage und Demontage die Bespannung zu zerstechen. Auf den Stahldraht ist eine Stahllasche für die Schraube angelötet. Das Löten von Stahl ist nicht einfach!

B: An die Strebe aus Abachi wird ein Alu-Winkel angeschraubt. Dieser wird mit einem Kunststoffschräubchen am Flügel befestigt.

C: Hier ist der Alu-Winkel zum Befestigen der Verspannung verlängert. Bei dieser schräg gestellten Strebe ist die Befestigungsschraube schwer zugänglich.

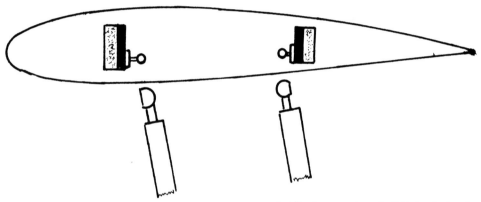

Streben mit Kugelbolzen sind einfach anzubringen und zu lösen. Bei Überbeanspruchung im Fall einer harten Bodenberührung springen sie heraus oder reißen ab. Die Bolzen lassen sich leicht ersetzen.

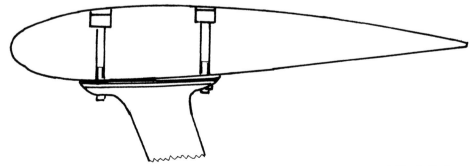

Für große Modelle empfiehlt sich die Befestigung mit Inbusschrauben. Die Einschlagmuttern sind in die Streben eingeleimt.

genden Konstruktionen bieten sich eingesteckte Stahldrähte an. Leider werden diese öfters die Bespannung durchstechen. Streben aus Stahldraht greifen in Bohrungen der Flächen ein und werden durch Schrauben in angelöteten Laschen gesichert. Dies ist ein Alptraum des Piloten, da beim Zusammenbau die Drahtenden die Bespannung durchlöchern können. Sollte sich die Lötverbindung lösen, so wird beim Nachlöten die Bespannung oder Lackierung beschädigt. Unproblematisch ist die Befestigung mittels kleiner Kunststoffschrauben, welche bei Überbeanspruchung brechen.

Verspannung

Die meisten Modelle benötigen keine Verspannung. Dennoch wird diese angebracht, um das Modell dem Original anzugleichen. In diesem Falle ist es wichtig, daß die Verspannung den Flügel nicht verzieht und daß sie sich einfach montieren läßt.

Fesselflugleine ist leicht erhältlich und für Verspannungen geeignet. Bei großen Flugzeugen wird die Verspannungslitze durch Kauschen geführt und durch Spleißung, heute durch

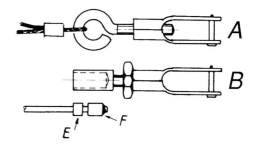

Spannseile müssen einstellbar sein:
A: Der Gabelkopf läßt sich auf der Gewindeöse verdrehen. Das Seil wird durch die Öse geführt und mit einem Messingröhrchen festgequetscht oder verlötet.
B: Der massive Spanndraht erhält eine nur aufgeschobene Hülse F und am Ende eine kurze aufgelötete Hülse F. Die drehbare Hülse E wird in die Löthülse eingelötet. Dadurch läßt sich der Gabelkopf bei eingehakter Verspanung einstellen, vorausgesetzt, der Spanndraht ist nicht mit festgelötet!

Quetschung (Swedge) befestigt. Für unsere Zwecke genügen bei nicht zu großen Modellen Lötösen. Die Litze wird durch eine Löthülse (Messingröhrchen) gefädelt, durch die Lötöse und anschließend wieder durch das Röhrchen

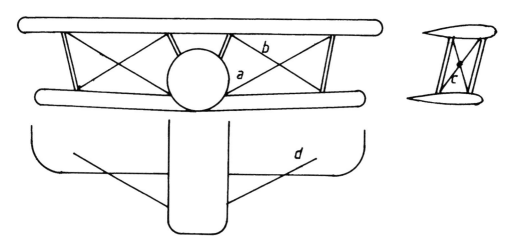

Schema der Verspannung eines Doppeldeckers:
Die Drähte a nehmen im Normalflug die Zugspannung auf. Sie müssen stramm gespannt sein. Die Drähte b werden im Rückenflug und besonders bei harten Landungen belastet. Deshalb sollte man bei kompakten Modellen kleine Gummiringe einfügen (denken Sie an reichlich Ersatz!). Die Stielverkreuzungen c sollten fest mit den Stielen verbunden und am Kreuzungspunkt mittels Bindedraht verlötet werden. Die Zugdrähte d sind eigentlich nur bei Oldtimermodellen notwendig.

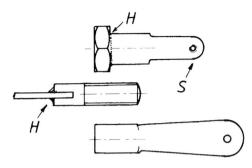

Bei großen Modellen sollte man Flachstahl 1x3 mm als Spanndraht verwenden. Als Gewinde nimmt man eine Inbusschraube M3, deren Kopf abgesägt wird. Dann wird die Schraube geschlitzt, auf den Flachstahl aufgeschoben und mit Silberlot verlötet (H). Der Gabelkopf ist aus Messingrohr mit hart eingelöteter Mutter. S ist die Bohrung für die Befestigungsschraube.

geführt. Nachdem die Litze korrekt gespannt ist, kann man die Verbindung durch Löten oder Quetschen mit einer Zange festlegen. Zum Nachspannen oder Korrigieren genügt ein Lötkolben und eine Zange.

Bei sehr großen Modellen sollten wir uns mehr an das Original halten. Diese hatten überwiegend tropfenförmige Profildrähte mit angestauchten Gewinden. Wir können diese durch Federstahlprofile von etwa 1x3 mm Querschnitt ersetzen. Für die Gewindeenden verwenden wir vergütete Schrauben (Inbusschrauben) M3. Die Köpfe werden abgeschnitten und die Bolzenenden eingesägt. In die Schlitze werden die Stahlprofile mit Silberlot eingelötet. Auf diese Gewindezapfen werden M3-Gabelköpfe (eigener Fertigung oder handelsübliche) aufgeschraubt.

Denken Sie daran, daß die Verspannung die Festigkeit und Widerstandsfähigkeit des Modells zwar erhöht, aber auch die Gefahr birgt, einen Verzug zu installieren!

Wenn Sie wünschen, daß die Verspannung bei Überbeanspruchung nachgibt, so sollten Sie es so einrichten, daß die Verspannung für den Flug (Flying wires) kräftiger ist als die für den Stand am Boden (Landing wires). Leider kenne ich keine andere Bezeichnung dafür.

Alles beweglich: Ruder, Klappen, Fahrwerke

Ruder- und Klappeneinbau

Querruder

Im allgemeinen benötigen die Querruder einen differenzierten Ausschlag. Das heißt, der Ausschlag nach unten soll geringer als der nach oben sein. Dies kann man durch unterschiedliche Maßnahmen erreichen:

- Durch Neigen des Ruderhorns am Querruder. Es ist aber sehr schwierig, eine genau gleiche Neigung am linken und am rechten Querruder zu erreichen.
- Durch einen 120°- oder 60°-Umlenkhebel bei zentraler Rudermaschine.
- Durch exzentrisches Anlenken der Rudergestänge an der zentralen Rudermaschine.
- Durch Einstellen der individuellen Ausschläge am Sender bei getrennten, vor dem Ruder eingebauten Rudermaschinen.

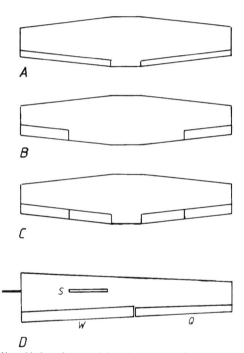

Verschiedene Arten und Anordnungen von Querrudern, Klappen und Störklappen:
A Streifenquerruder
B eingesetzte Querruder
C eingesetzte Querruder und Landeklappen
D Querruder, Wölbklappen und Störklappen einer Seglerfläche.

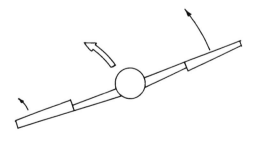

Beim differenzierten Querruder ist der Ausschlag nach oben größer als nach unten.

Flügelsteuerung

Gelegentlich werden Seglerflächen ohne Querruder ausgerüstet. Die Steuerung um die Längsachse geschieht durch gegensinniges Verdrehen beider Flächenhälften. Dazu müssen die Flächen auf Stahldrähte aufgeschoben

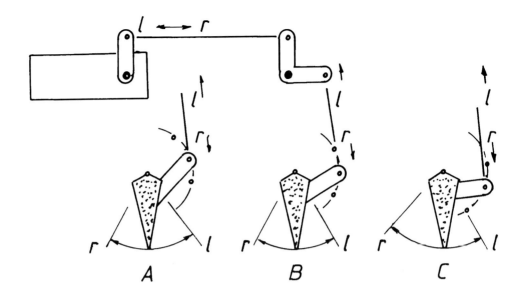
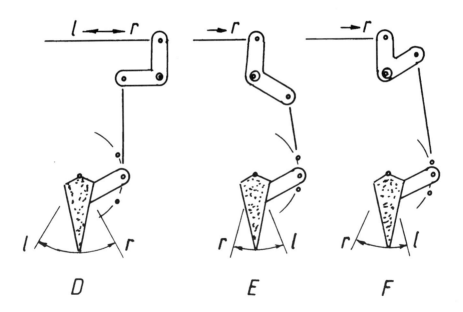

Unterschiedliche Methoden der Ruderweg-Differenzierung:
A, B und C: Umlenkhebel 90°. B ist nicht differenziert. Bei A ist das Ruderhorn vom Ruderdrehpunkt nach vorne geneigt: Ruderausschlag l ist größer als r. C ist genau das Gegenteil.
D, E und F: Ruderhorn auf gleicher Höhe wie Ruderdrehpunkt. Bei D Umlenkhebel 90°, nicht differenziert. Umlenkhebel 120° bei E: Ausschlag l größer als r. Umlenkhebel 60° bei F: Differenzierung entgegengesetzt.

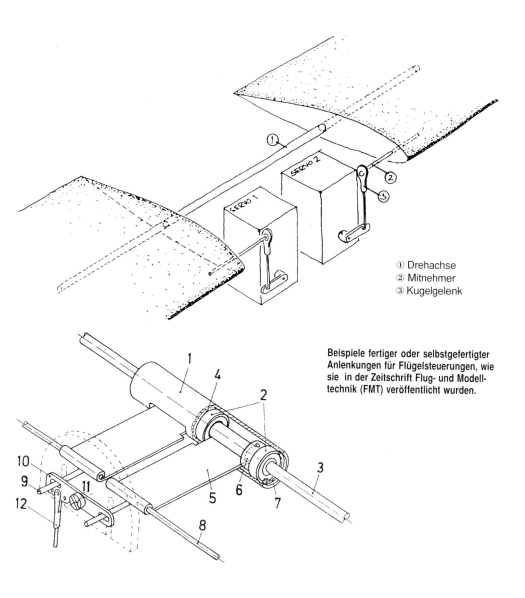

① Drehachse
② Mitnehmer
③ Kugelgelenk

Beispiele fertiger oder selbstgefertigter Anlenkungen für Flügelsteuerungen, wie sie in der Zeitschrift Flug- und Modelltechnik (FMT) veröffentlicht wurden.

werden. Die ganze Mechanik muß spielfrei, aber leichtgängig sein.

Flächenverwindung

Die dünnen Flügel der Oldtimer mußten durch Verspannung gegen Verbiegung und Verdrehung gesichert werden. Dabei konnte man durch Verbinden der hinteren Spannseile mit dem Steuerknüppel die Flächen verwinden und dadurch das Flugzeug um die Längsachse steuern. Hohe Steuerkräfte und geringe Verwindung beschränken die Wirkung im Fluge.

Landeklappen

Landeklappen werden in der Regel gleichmäßig nach unten, Wölbungsklappen manchmal auch nach oben ausschlagen. Damit der Ausschlag auf beiden Seiten gleichmäßig erfolgt, ist eine sehr genaue Justierung notwendig. Die Neigung der Ruderhörner und deren

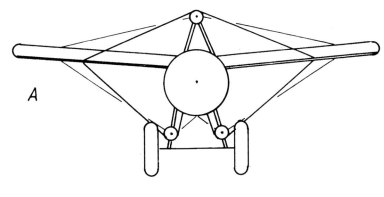

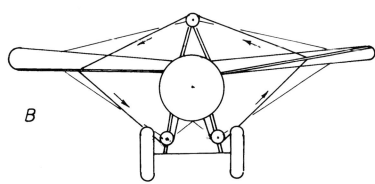

So funktioniert die Verwindung eines Oldtimers. Der Flügel ist vorne fest zwischen Spannturm und Fahrwerk verspannt. Die hintere Verspannung führt über Rollen an Spannturm und Fahrwerk zur Rudermaschine. Das Seil darf nicht aus den Rollen springen!

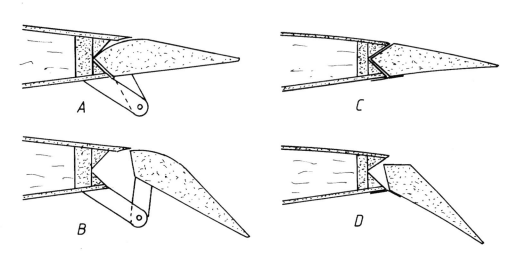

Einige Ausführungen von Lande- oder Wölbungsklappen:
A und B: Wenn man den Drehpunkt nach unten verlagert, vergrößert sich beim Ausschlag die Flügelfläche (Fowler-Flaps). Die Profilierung von Flügelhinterkante und Klappe ist schwierig. Die Längen und Winkel der Scharniere müssen genau übereinstimmen.
C und D: Bei einem Seglerflügel kann diese einfache Ausführung gewählt werden. Als Scharnier dient ein Klebefilmstreifen.

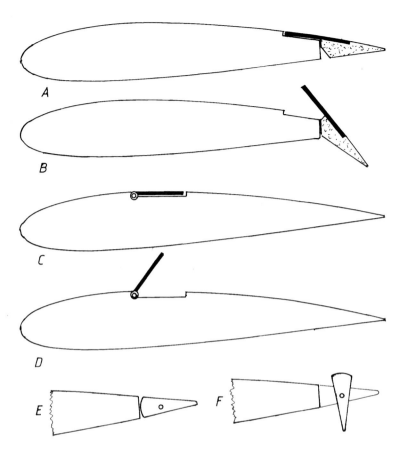

Verschiedene Drehklappen:
A und B erhöhen Auftrieb und Widerstand. Selbst bei vollem Ausschlag kann man noch durchstarten. C und D vermindern Auftrieb und Geschwindigkeit. Sie werden durch Drehstäbe angetrieben. Diese rasten bei harten Landungen ohne Schäden leicht aus. E und F sind Enddrehklappen. Bei vollem Ausschlag vermindern sie die Geschwindigkeit von Kunstflugmaschinen bei senkrechten Figuren.

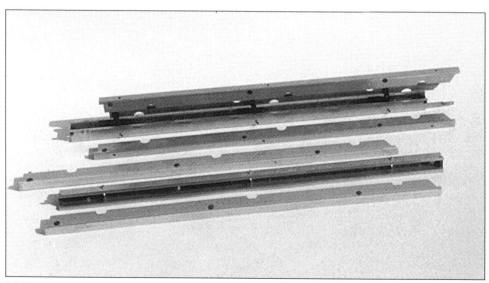

Störklappen, zum Teil zerlegt.

Einbau von Störklappen:
A: Die Störklappe ist fest im Flügel eingeklebt. Reparatur und Austausch sind schwierig.
B: Störklappen werden in Kästen eingesetzt und durch Schrauben gehalten.

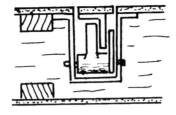

A

B

Einige Scharnierausführungen

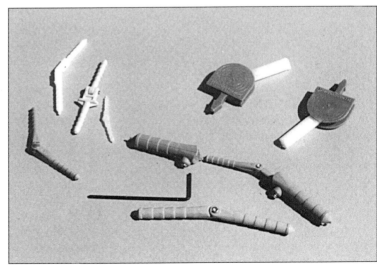

Verschiedene Stiftscharniere. Eingeklebte Dübel sind sehr praktisch zum Ausrichten von Rudern und Klappen. Die Scharniere werden nach dem Ausrichten mit kleinen Schrauben gehalten.

Abstand vom Drehpunkt der Klappen muß völlig übereinstimmen. Wenn Sie einen programmierbaren Sender besitzen, haben Sie mehr Freizügigkeit.

Störklappen

Störklappen können durch Drehen oder durch Ziehen betätigt werden. Bei beiden Typen müssen die Gestänge genau eingestellt werden, damit der Klappenausschlag links und rechts gleichmäßig erfolgt.

Die Drehstäbe von Drehklappen können sich bei einer harten Landung leicht von der Betätigung im Rumpf lösen.

Nach oben ausfahrbare eine- und doppelstöckige Klappen werden durch ein Zuggestänge betätigt. Dieses wird gewöhnlich von einer Rudermaschine im Rumpf betätigt. Wird der Flügel beim Windenstart stark gebogen, können die Klappen teilweise ausfahren. Bei einer harten Landung muß das Gestänge aus dem Abtriebsarm der Rudermaschine ausrasten können. Bewährt haben sich Gabelköpfe und Kugelbolzen. Der Gabelkopf muß mit einer stramm aufgeschobenen Manschette gesichert werden. Schließlich wollen Sie ja nicht mit einer ausgefahrenen Klappe fliegen.

Da es fast unmöglich ist, solche eingebauten Klappen zu reparieren, sollten Sie bei genügender Profilhöhe einen Klappenkasten im Flügel vorsehen. Hierin kann die Klappe eingesetzt und mit zwei Schrauben gesichert werden.

Scharniere

Es gibt fast unzählbare Arten und Größen von Scharnieren, aber einige grundlegende Feststellungen kann man wie folgt treffen. Genähte Scharniere sind sehr umständlich anzufertigen. Folienscharniere sind preisgünstig und strapazierfähig. Gelenkscharniere und Stiftscharniere sind besonders leichtgängig.

Bei Seglerflächen haben sich Befestigungen mit Klebeband bewährt. Allerdings gibt das Band im Laufe der Zeit nach, muß also dann ersetzt werden. Bei manchen Oldtimern muß man die Ruderaufhängung selbst bauen.

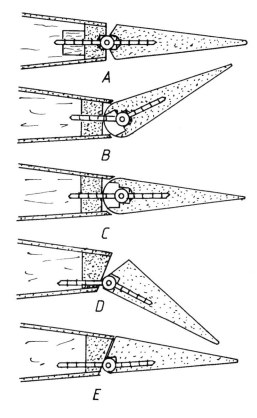

Querruder und Landeklappen mit Stiftscharnieren:
A: Übliche Anlenkung. Für die Gelenkköpfe müssen die Bohrungen wenige Millimeter tief aufgebohrt werden.
B und C: Spaltlose Ruder erfordern das tiefere Einsetzen des Scharniers in das Ruder. Damit das Ruder nicht am Stift anschlägt, muß die Bohrung im Ruder erweitert werden.
D und E: Landeklappen werden zweckmäßigerweise unten angelenkt. Das Gelenk muß im Ruder versenkt werden.

Beim Einbau ist darauf zu achten, daß die Scharniere sich nicht im Fluge lösen können. Mit etwas Erfahrung kann man zwar auch mit nur einem Querruder das Flugzeug noch sicher nach Hause bringen, aber das macht nicht jedem Piloten Spaß.

Weitere wichtige Punkte sind die folgenden. Die Scharniere müssen so angebracht werden, daß zwischen Fläche und Ruder keine Stufe entsteht. Der Ruderspalt soll möglichst gering sein, damit die Ruderwirkung ausreicht.

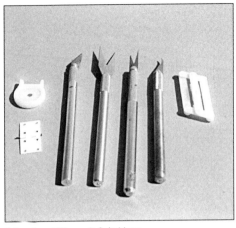

Scharnierschlitzer mit Schablone

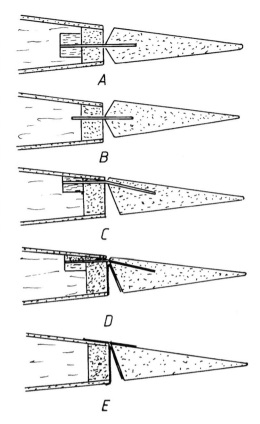

Gebräuchliche Anlenkungen von Querrudern:
A: Scharnier oder Kunststoffstreifen mittig eingesetzt. Vor dem Flügelabschluß ist eine Verstärkung angebracht.
B: Da der Flügel nicht mittig geschlitzt wurde, steht das Querruder zu hoch.
C: Hier ist das Querruder an der Oberkante angelenkt. Es ist schwierig, die Schlitze richtig anzusetzen.
D: Hier wurde zusätzlich zwecks Abdichtung des Ruderspalts von unten ein Klebefilm angebracht.
E: Das Ruder wird durch oben und unten angebrachte Klebefilme angelenkt.

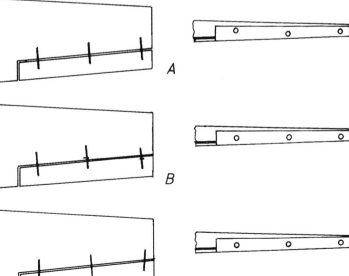

Beim Anpassen der Scharniere können verschiedene Fehler gemacht werden, wie hier am Beispiel von Stiftscharnieren gezeigt wird:
A: Die Bohrungen sitzen unterschiedlich hoch.
B: Die Scharniere sind unterschiedlich tief eingelassen.
C: Die Scharniere sitzen nicht rechtwinklig zur Ruderkante.

Bei zu großem Ruderspalt dauert eine Rolle eine Ewigkeit. In solchem Falle kann man nachträglich den Spalt auf der Unterseite mit Klebeband abdichten. Die Achsen der Ruder müssen genau fluchten, da die Ruder sonst aus der Neutralstellung ausfedern wollen. Selbstgebaute Ruderaufhängungen bei Oldtimern sollten mit Schrauben befestigt werden, damit man sie abnehmen und warten kann.

Umlenkhebel, Ruderhörner und Gestänge

Bei zentralen Rudermaschinen werden Gestänge und Umlenkhebel benötigt. Die Arten von Umlenkhebeln sind bereits oben beschrieben worden.

Bei dicken Flügeln geringer Spannweite haben sich Stoßstangen bewährt. Diese können aus Buchenrundstäben, GFK- oder CFK-Rohren oder aus Balsastangen mit quadratischem Querschnitt bestehen.

Rundstäbe und Rohre geringen Durchmessers können bei großen Ruderkräften, aber auch bei Flugfiguren mit hohem G - zum Beispiel einem engen Looping - leicht nach unten ausbiegen, was zu unerwünschten Ruderwirkungen führt.

Balsa-Stoßstangen haben bei gleichem Gewicht einen größeren Querschnitt als die erstgenannten, biegen also nicht so leicht aus.

Wichtig ist, daß die Stangen und Rohre absolut gerade sind!

Bowdenzüge haben den Vorteil, daß sie keine Umlenkhebel benötigen. Es ist aber schwierig, diese im rechten Winkel zum Querruder aus dem Flügel austreten zu lassen, denn sie dürfen keinen zu kleinen Biegeradius haben.

Wenn der Kunststoff- oder Seilzug zu wenig Spiel im Führungsrohr hat, kann er klemmen. Im umgekehrten Falle kann er seitlich im Rohr ausweichen. Beides bewirkt wieder eine ungenaue Neutralstellung und den festen Vorsatz, beim nächsten Modell getrennte Rudermaschinen einzusetzen.

Bei größeren Segelflugmodellen haben sich Kunststoffzüge mit Stahlseele bewährt.

Ruderhörner

Auch Ruderhörner gibt in einer Vielzahl von Arten und Größen. Schraubbare Kunst-

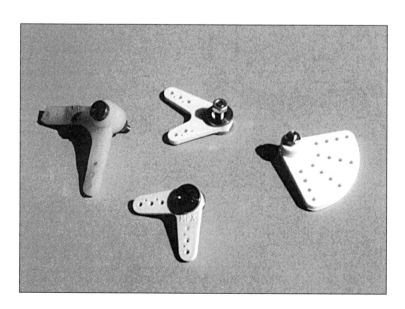

Einige Ausführungen von Umlenkhebeln

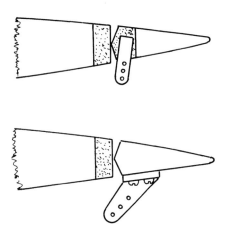

Das obere Ruderhorn ist eingeklebt. Es ist schwierig, die Hörner auf beiden Flügelseiten mit gleicher Neigung und gleich tief einzukleben.
Das untere Ruderhorn ist angeschraubt. Das sieht nicht so gut aus, dafür läßt es sich aber leicht austauschen.

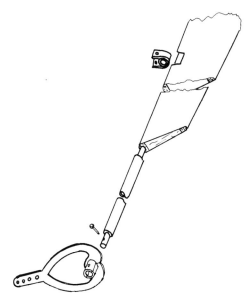

Bei diesem Oldtimer in Semiscale-Ausführung wird das Querruder außen durch eine abnehmbare Schelle über einen eingelassenen Rundstab geführt. Innen wird über einen eingelassenen Rundstab ein Alu-Rohr gesteckt. Das herzförmige Ruderhorn aus Stahlblech umfaßt den Hinterholm und läßt sich abnehmen. Die hartgelötete Nabe des Hebels ist durchgesägt. Nach Verbiegen kann man das Horn anbringen oder entfernen. Die Rudermaschine sitzt unten im Rumpf.

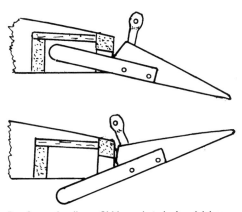

Das Querruder dieses Oldtimers hat ein Ausgleichgewicht aus Stahlblech. Das Ruderhorn ist ein oben gequetschtes und gebohrtes Messingrohr. Nehmen Sie einen Bohrer mit 1,6 mm Durchmesser!

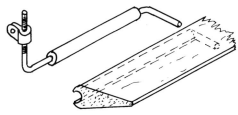

Streifenquerruder werden häufig über Drehstäbe angelenkt. Das Führungsrohr wird an der Flügelhinterkante angeklebt. Das Ruder muß entsprechend ausgespart und für den abgewinkelten Stab gebohrt werden. Durch Schrauben der Lasche läßt sich der Ruderausschlag verändern.

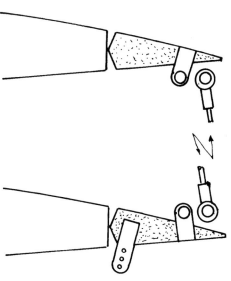

Bei diesen Doppeldeckerflügeln wird der Unterflügel direkt angelenkt. Ober- und Unterflügel sind durch eine Stange, hier mit Kugelgelenken, verbunden. Diese rasten im Ernstfall leichter aus.

stoffhörner sind einfach nach dem Bespannen zu befestigen, können leicht ersetzt werden, sehen aber nicht gut aus. Eingeklebte Kunststoffhörner müssen vor dem Bespannen sorgfältig eingepaßt und eingeklebt werden. Will man deren Neigung oder Einsetztiefe verändern oder ein gebrochenes entfernen, erfordert dies eine geduldige Schnitzarbeit.

Drehstäbe

Drehstäbe für Streifen-Querruder ermöglichen es, den Ruderausschlag durch Auf- oder Abschrauben des Gabelkopflagers zu verändern.

Bei Oldtimern kann die Betätigung der Querruder durch Drehstäbe aus Aluminiumrohr erfolgen. Das Rohr muß an den Rippen durch Bohrungen in Sperrholzaufleimern geführt werden. In der Flügelmitte wird ein abnehmbares Horn für das Gestänge von der Rudermaschine angebracht.

Stoßstangen

Doppeldecker haben häufig Querruder im unteren und im oberen Flügel. Hier ist es zweckmäßig, die Rudermaschine im unteren Flügel einzubauen und die oberen Querruder durch Stoßstangen mit den unteren zu verbinden. Diese müssen in der Länge verstellbar und abnehmbar sein.

Bei kleineren Modellen genügen Stahldrähte mit beidseitigen Gewinden. Für größere Modelle eignen sich Tropfenprofile aus Hartholz oder Aluminium. In die Hartholzstange werden beidseitig Gewindeenden eingeklebt. Ebenso kann man verfahren, wenn in das Aluminiumrohr Hartholz eingeschoben wird. Dies ist schon deshalb notwendig, um ein Einknikken des sehr weichen Alu-Profils zu verhindern. Ebenso eignet sich ein eingeschobener, beidseitig mit Gewinde versehener Stahldraht.

Auf den Querrudern müssen zusätzliche Ruderhörner angebracht werden. Als Verbindungen eignen sich besonders Kugelgelenke aus Kunststoff mit Metallkugeln, da bei Überbeanspruchung der Kunststoff auf- oder das Gewinde ausreißt.

Fahrwerke

Feste Fahrwerke

Feste Fahrwerke sind sehr einfach einzubauen. Als Standard hat sich die Lagerung in einer Nutleiste bewährt. Die Rippen, in welche diese Leiste eingeleimt ist, werden durch Sperrholzaufleimer verstärkt. Wenn das Fahrwerk zum Richten - dies ist besonders bei Zweibeinfahrwerken erforderlich - öfters abgenommen werden muß, dann sollte man zum Befestigen

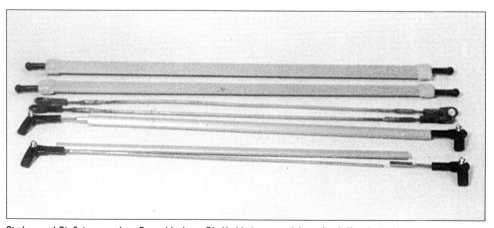

Streben und Stoßstangen eines Doppeldeckers. Die Verbindungen erfolgen durch Kugelgelenke.

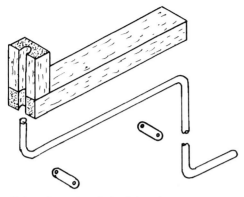

Einbauschema eines festen Fahrwerks

der Haltelaschen keine Holzschrauben, sondern Metall- oder Kunststoffschrauben und Einschlagmuttern verwenden. Sorgen Sie dafür, daß sich diese Muttern unter keinen Umständen lösen können. Diese Gefahr besteht gerade dann, wenn Sie eine abgebrochene Schraube entfernen wollen.

Es ist unglaublich, wie weit ein Fahrwerkbein nach hinten ausfedern kann. Bauen sie deshalb an der Stelle, wo das Rad den Flügel berühren könnte, eine Prallplatte direkt unter der Beplankung oder in geringem Abstand unter der Bespannung ein.

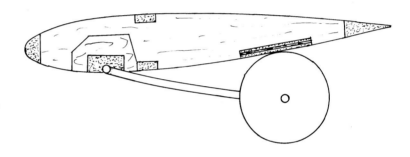

So schützt eine Prallplatte die Bespannung oder Beplankung.

Mechanisch betätigtes Einziehfahrwerk

Einziehfahrwerke

Es gibt mechanische, elektrische sowie pneumatische Fahrwerke.

Mechanisch einziehbare Fahrwerke sind einfach und preiswert. Die Betätigung erfolgt durch eine zentrale Rudermaschine und erfordert in der Regel eine komplizierte Gestängeführung und Justierung. Denn sowohl ein- als auch ausgefahren müssen das rechte und das linke Fahrwerk verriegelt sein.

Elektrisch einziehbare Fahrwerke haben eingebaute Motoren und Endschalter. Nach dem Einbau sind nur Kabel zu verlegen und zu einem gemeinsamen Stecker zusammenzuführen.

Es gibt zwei Arten von pneumatisch betätigten Einziehfahrwerken. Die einen werden mittels Druckluft eingezogen und fahren beim Entlüften durch Schwer- und Federkraft aus und verriegeln. Sie benötigen nur einen Luftschlauch. Die anderen werden durch Druckluft ein- und ausgefahren und verriegelt. Sie benötigen daher zwei Schläuche. Diese letzte Bauart gibt es in einer Vielzahl von Ausführungen.

Bei der Auswahl der Einziehfahrwerke gilt es zu unterscheiden:

– Einziehen nach außen oder nach innen. Ausfahrwinkel 80°, 90° oder 105°. Das Rad liegt flach im Flügel.
– Einziehen nach hinten. Das Rad ragt etwas aus dem Flügel heraus.
– Einziehen nach hinten. Das Rad schwenkt um 90° und liegt flach im Flügel.

Auch beim Einziehfahrwerk benötigen wir Trägerleisten, welche in die entsprechenden Rippen eingelassen sind und auf denen das Fahrwerk festgeschraubt wird. Auch hier empfehlen sich Einschlagmuttern und durchgehende Schrauben. Achten Sie auf genügend Spiel zum leichteren Ein- und Ausbau. Schließlich müssen die Beine gelegentlich gerichtet werden.

Zusätzlich muß im Flügel eine Radmulde eingebaut werden. Diese sollte groß genug sein, um auch bei leicht verbogenem Fahrwerk dessen Betätigung nicht zu behindern. Außerdem nehmen die Räder auch Unmassen Schmutz und Grashalme mit.

Eine große Versuchung ist der Einbau von Abdeckplatten. Seien Sie gewarnt. Ein Windstoß kann die Abdeckplatte auslenken, so daß

Pneumatisch betätigtes Einziehfahrwerk. Beim Einziehen dreht es das Bein um 90°. Im Vordergrund zum Austausch ein festes Fahrwerk.

das Fahrwerkbein beim Einziehen unter der Klappe hängen bleibt. Hohes Gras kann beim Landen, wenn das Bein ausfedert und sich die Bodenfreiheit verringert, die Klappen abreißen. Wenn Sie immer noch auf deren Einbau bestehen, sollten Sie diese so gestalten, daß sie sich jederzeit leicht entfernen lassen - und bauen Sie einige Ersatzklappen.

Schaulöcher oder Wartungsklappen

Schaulöcher dienen bei großen Flugzeugen dazu, die ordnungsgemäße Funktion der Steuerseile oder Gestänge zu kontrollieren. Außerdem decken sie die zur Verschraubung notwendigen Öffnungen ab.

Schaulöcher sind für folgende Anwendungen zweckmäßig:

– zum Abdecken von in den Flächen eingebauten Rudermaschinen
– zur Kontrolle eingebauter Umlenkhebel, besonders bei großen Seglern
– zur Kontrolle der angelenkten Landeklappen, Störklappen und Einziehfahrwerke

Ein Wartungsdeckel und der entsprechende Ausschnitt in der Flügelbeplankung. Zum Einsetzen dient der selbstgefertigte Schlüssel.

Nachdem der Autor etwa 20 Flügel aufgeschnitten hat, um abgebrochene Umlenkhebel, ausgerastete Gabelköpfe und verklemmte Störklappen zu reparieren, wurden alle weiteren Flügel mit Schaulöchern ausgestattet.

Dazu gibt es verschiedene Möglichkeiten. Man benutzt käufliche kreisrunde Abdeckungen, welche durch Drehen einrasten, oder man fertigt rechteckige Abdeckungen aus Sperrholz, die mit Schrauben befestigt werden. Ferner kann man transparente Kunststoffabdeckungen benutzen, die aufgeschraubt oder mit Klebeband befestigt werden.

Einbau der Rudermaschinen

Bei einer in Flügelmitte eingebauten zentralen Rudermaschine sollte folgendes bedacht werden:

– Sie ist preisgünstig.
– Zu den Rudern gehen lange Gestänge oder Drähte in Führungen. Diese können sich durchbiegen oder klemmen.
– Drähte in Führungsröhrchen, Bowdenzüge und Umlenkhebel haben unvermeidbar etwas Spiel. Als Folge ergibt sich je nach Bewegungsrichtung eine ungenaue Neutralstellung.
– Infolge des Abtriebs nach beiden Seiten tritt an der Rudermaschine ein Gewichtsausgleich beider Querruder auf.

Getrennte, vor den Rudern eingebaute Rudermaschinen kosten zwar mehr, besonders bei sehr kleinen Typen, sie haben aber mehrere Vorteile:

– Das angelenkte Gestänge ist sehr kurz und kann kaum ausfedern oder verbogen werden.
– Ausschlag und Differenzierung kann für jedes Ruder einzeln justiert oder am Sender einprogrammiert werden.

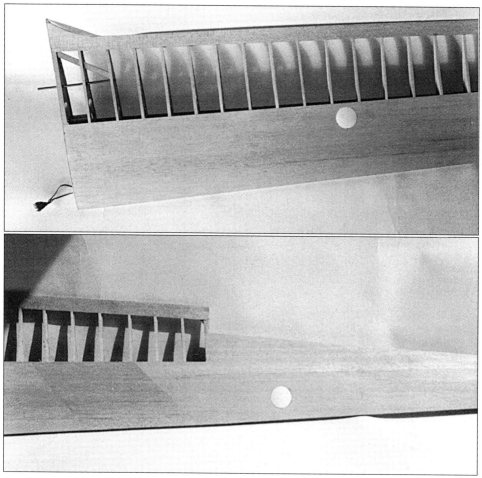

Bei diesem 4-Meter-Segler sind die Rudermaschinen in der dicken Flügelwurzel untergebracht. Ein gemeinsamer Stecker ist für zwei Rudermaschinen herausgeführt. Wartungsdeckel gestatten den Zugang zu den Umlenkhebeln für Querruder und zur Störklappenbetätigung.

Sollten die Rudermaschinen gelegentlich ausgebaut und für ein anderes Modell verwendet werden, dann werden diese am besten unter Verwendung von Gummitüllen verschraubt. Achten Sie darauf, daß die Rudermaschine bei starken Ruderausschlägen nicht durch das Federn der Gummitüllen nachgibt.

Bei den sogenannten Schnellbefestigungen können die Rudermaschinen bei starken Ruderkräften oder bei klemmenden Gestängen nachgeben. Die Folgen sind ungenügende Ruderausschläge und ungenaue Neutralstellungen.

Was Sie dann erleben werden, ist spannender, als wenn Sie am Computer eine Cessna unter der Tower Bridge durchfliegen lassen, da dauernd gesteuert werden muß. Aus diesem Grunde verwendet der Autor eine solche Befestigung nur, wenn er aus Gründen der Einbaulage keinen Schraubendreher ansetzen kann, niemals aber mehr für Querruder!

Platzsparend ist das Einkleben der Rudermaschine mit Doppelklebeband. Besonders bei Kleinstrudermaschinen in Seglerflächen hat sich diese Methode bewährt. Denken Sie aber

Verschiedene Möglichkeiten des Einbaus der Rudermaschinen:

A: Nur drei Rudermaschinen für Querruder und Landeklappen erfordern lange Gestänge, Umlenkhebel und sorgfältige Justierung.

B: Etwas teurer ist die direkte Anlenkung der einzelnen Klappen. Mit einem programmierbaren Sender ist die Einstellung sehr einfach.

C: Vier zentrale Rudermaschinen für Querruder, Landeklappen und Einziehfahrwerk erfordern ein gutes räumliches Vorstellungsvermögen. Die Gestänge dürfen sich nicht gegenseitig stören!

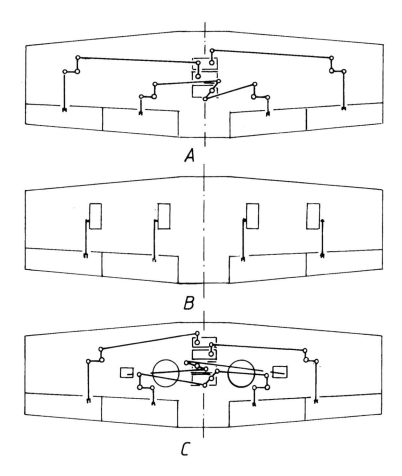

Zwei Rudermaschinen in eingeklebter Halterung, die sich leicht austauschen lassen.

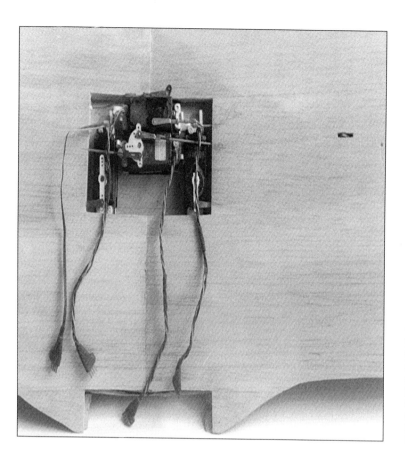

Vier Rudermaschinen für Querruder, Landeklappen und Einziehfahrwerk (North American AT 6). Die Gestängeführung ist kritisch, und der Kabelsalat macht beim Zusammenbau auf dem Flugplatz keine Freude.

daran, daß Klebstoffe altern und bei hohen Temperaturen erweichen können. Unangenehm, wenn Sie während des Fluges merkwürdige Figuren steuern, weil die Rudermaschine nur noch lose im Flügel liegt.

War der Einbau einer einzelnen Rudermaschine für die Betätigung der Querruder ziemlich einfach zu bewerkstelligen, so steigen die Anforderungen an den Konstrukteur mit zusätzlichen Funktionen. Bei nur zwei getrennten Querruderantrieben müssen ja zwei Rudermaschinen mit Kabeln und Steckern angeschlossen werden. Haben wir einen Segler mit Wölbungsklappen und „Butterfly", dann sind vier Stecker in die richtigen Buchsen einzustecken.

Nehmen wir jetzt ein Motormodell mit Landeklappen und gleichzeitig absenkenden Querrudern sowie Einziehfahrwerk, so haben wir fünf Rudermaschinen, deren Stecker wir in die richtigen Buchsen stecken müssen. Außerdem müssen wir den Kabelsalat so sortieren, daß er nicht mit anderen beweglichen Teilen, zum Beispiel mit der Rudermaschine der Motordrossel, ins Gehege kommt.

Die beste Lösung ist, alle Stecker an einem Terminal im Flügel zu verbinden und dann mit einem einzelnen Stecker oder einem kurzen Kabel die Verbindung mit dem Terminal im Rumpf herzustellen.

Ähnlich ist es bei Seglern. Bei einem Segler mit Querrudern und „Butterfly" oder einem mit Querrudern und Störklappen sollten wir alle Kabel eines Flügels an einen Einzelstecker zusammenführen. Der Gegenstecker sollte im Rumpf elastisch angebracht werden, so daß

Drei Rudermaschinen für Querruder und Landeklappen (Vought Corsair F4U). Die Stecker sind auf einer Platte zusammengeführt. Ein einzelnes Kabel mit einem fünfpoligen Stecker führt zum Empfänger. Die Schläuche für das pneumatische Einziehfahrwerk werden durch Leerrohre geschoben.

beim Anstecken der Flächen die elektrischen Verbindungen selbstätig hergestellt werden. Die Stecker müssen vergoldet sein!

Da diese elektrischen Verbindungen von uns selbst aus käuflichen Komponenten hergestellt werden, ein Wort der Vorsicht:

Lötungen sind eine recht unzuverlässige Sache. Selbst wenn die Kabellitze sicher mit dem Stecker oder der Buchse verbunden sein sollte, so liegt doch dort, wo das Lot an der Litze endet, eine Bruchgefahr. Profis löten daher nicht mehr, sondern wenden eine Quetschtechnik (Crimping, wire wrapping) an. Wir können uns helfen, indem wir diese Übergangszone zwischen kompakter lotgefüllter und der flexiblen Litze mit Schrumpfschlauch überbrücken. Weniger elegant ist das Ausgießen der Verbindung mit Epoxidharz.

Wählen Sie selbst. Die erste Methode gestattet leichter Veränderungen oder Reparaturen.

Denken Sie daran, daß elektrischer Strom zwei Polaritäten, Plus und Minus, hat. Nicht alle Bauelemente vertragen Verwechslungen. Außerdem gibt es nach solchen Experimenten kaum Herstellergarantien. Zusätzlich hat jede Rudermaschine eine Impulsleitung, welche die Steuersignale heranführt. Bei langen Verbindungskabeln empfiehlt sich der Einbau von Ringkerndrosseln und Entstörsteckern. Etwa eine Stunde Nachdenken über die erwünschte elektrische Schaltung ist keine Zeitverschwendung.

Obwohl es die meisten Leser langweilen wird, möchte der Autor doch darauf hinweisen, daß für alles, was irgendwie mit Elektronik zusammenhängt, nur Lötzinn mit dem Flußmittel Kollophonium, im Handel als „Radiolot" erhältlich, zu verarbeiten ist. Säurehaltige Flußmittel zerstören im Laufe der Zeit die Geräte, aber zum Verlöten von Rudergestängen sind sie richtig.

Löten

Zum Hartlöten verwendet man Messinglot mit Borax als Flußmittel. Selbst leicht angerostete Stahldrähte lassen sich zuverlässig mit Löthülsen oder anderen Teilen verbinden. Leider wird der Stahldraht dabei ausgeglüht, was ihn weichmacht. Viel schlimmer ist die daran anschließende Zone geringerer Erhitzung, welche den Draht so spröde macht, daß er leicht bricht.

Zum Weichlöten verwendet man Blei-Zinn-Legierungen mit niedrigem Schmelzpunkt. Dabei werden Festigkeit und Elastizität des Stahls nicht verschlechtert. Kollophonium ist für elektronische Schaltungen als Flußmittel ideal, da es nach dem Löten nicht entfernt werden muß. Stahldrähte verlangen ein radikaleres Flußmittel, nämlich Lötfett oder Lötwasser. Beide sind säurehaltig. Entfernt man sie nicht sofort, so bringen sie alle stählernen Gegenstände in ihrer näheren Umgebung zum Rosten. Trotzdem hat man beim Anlöten von Rudergestängen oder Bowdenzügen keine andere Wahl.

Voraussetzung einer einwandfreien Lötverbindung ist völlige Sauberkeit, also Freiheit von Rost, Fett und Farbe. Vor dem Löten müssen Stahldrähte verzinnt werden. Der Stahldraht muß metallisch blank und aufgerauht sein.

Wer dieses Handwerk beherrscht, sollte auch bereit sein, weniger erfahrenen Klubkameraden auf dem Flugplatz bei der Wiederherstellung der Steuerbarkeit ihrer Modelle behilflich zu sein.

Die Endphase: Finish und Bespannung

Vor dem Bespannen des Flügels müssen Sie diesen unbedingt genau auf Verzüge kontrollieren und diese beseitigen. Wenn die Flügelnase nicht beplankt ist, kann man mit einem Heißluftfön vieles richten. Verbrennen Sie aber weder Flügel noch Finger!

Bei einer beplankten Fläche hilft nur Chirurgie: Entweder Sie lösen auf der Oberseite die Verkastung oder schneiden von hinten die Verkastung in Richtung der Spannweite auf. Nach dem Richten können Sie mit dünnflüssigem Blitzkleber die Wunden heilen.

Die jetzt folgenden Arbeiten sind für das gute Aussehen, das Erkennen des eigenen Modells sowie die Flugeigenschaften und Leistungen von Bedeutung. Jeder Überzug des Flügels, ob Bespannung, Folie oder Beschichtung und Lackierung, kann nicht besser werden als der Untergrund.

Verputzen

Sobald der Rohbau des Flügels fertiggestellt ist, müssen wir ihn sehr kritisch betrachten. Achten Sie auf folgende Punkte:

– Verzüge
– übergequollener Leim
– abgebrochene Stecknadeln
– Risse und Brüche
– überstehende Holzteile
– Druckstellen

Benutzen Sie auch Ihre Finger, wenn nicht zu viel Leim oder Lack an ihnen klebt, um die Oberflächen nach Unebenheiten abzutasten.

Es gehört schon ein wenig Charakterstärke dazu, einen fertigen Rohbau noch einmal auf alle möglichen kleinen Fehler abzusuchen. Aber die beste Bespannung oder Lackierung bringt gerade solche Fehler ganz klar heraus. Wenn Sie noch nicht die nötige Erfahrung haben, zeigen Sie doch Ihre Flügel einem Autolackierer. Was Sie aufdecken oder was er jetzt noch an fehlerhaften Stellen findet, sollte Sie nicht entmutigen. Es kostet eben etwas mehr Arbeit, einen guten Flügel zu bauen.

Wenn Sie gut vorgearbeitet haben, müssen nur noch wenige Stellen nachgeschliffen werden. Um nicht zu große Fasern aus dem Holz zu reißen, wird jetzt Schleifpapier feiner Körnung (180–240) verwendet. Benutzen Sie auf jeden Fall eine Schleiflatte und eine Schleifpapierfeile. Nur an Randbögen kann man mit der Hand arbeiten. Es ist falsch, die Beplankung jetzt noch zu schleifen, da sie selbst bei Benutzung einer Schleiflatte zwischen den Rippen nachgibt. Sie schleifen daher nur die Beplankung über den Rippen dünn. Nur die hochstehenden Fasern sollten mit feinem Schleifpapier abgeschliffen werden.

Spachteln

Spachteln auf bloßem Holz sollte man vermeiden, da Holz und ausgehärteter Spachtel

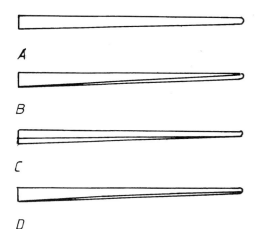

Kontrolle des Flügels eines Seglers durch Blick von hinten:
A: Unverzogener Flügel ohne geometrische Schränkung. Dies ist in Ordnung, wenn eine aerodynamische Schränkung eingebaut ist.
B: Flügel mit geometrischer Schränkung
C: Dieser Flügel hat eine negative Schränkung. Beim Langsamflug wird er abschmieren!
D: Flügel im mittleren Bereich verzogen. Dies läßt sich zwar fliegerisch beherrschen, vermindert aber die Flugleistung.

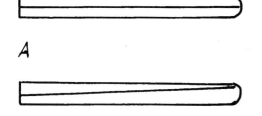

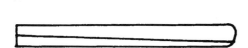

Kontrolle des Flügels eines Motor-Kunstflugmodells durch Blick von hinten:
A: Unverzogener Flügel ohne Schränkung. Optimale Kunstflugeigenschaften.
B: Positive Schränkung. Sichere Flugeigenschaften für den Ungeübteren, aber Figuren sind kaum möglich.
C: Negative Schränkung. Etwas für waghalsige Piloten. Wahrscheinlich Abschmieren beim ersten Start.

Viele Einwegpappbecher sowie Pinsel werden zum Fertigstellen benötigt. Hier ist Wegwerfen günstiger als literweise Lösungsmittel zum Reinigen zu gebrauchen.

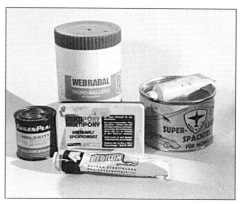

Verschiedene Spachtel: Zweikomponenten-Knetspachtel, Mikroballons, Kunstharzspachtel, lösungsmittelfreier Spachtel, Holzkitt.

Verschiedene Grundierungen: Ein- und Zweikomponenten-Kunststoff, Nitrogrundierung.

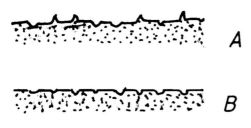

Verputzen:
A: Nach dem Schleifen richten sich die niedergedrückten Holzfasern auf. Ausgerissene Holzfasern hinterlassen Rillen.
B: Die aufgerichteten Holzfasern sind abgeschliffen. Die Rillen bleiben.

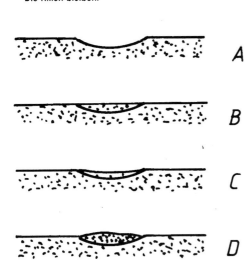

Spachteln:
A: Diese Rille im Holz soll aufgefüllt werden.
B: Die Oberfläche ist gespachtelt und geschliffen.
C: Hier ist der Spachtel weicher als das Holz und daher tiefer weggeschliffen.
D: Ist der Spachtel härter als das Holz, wird er sich nach dem Schleifen aus der Oberfläche herausheben.

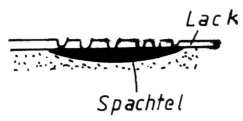

Wenn man Polyesterspachtel zuviel Härter beimischt, dünstet dieser beim Lackieren aus. Als Folge entstehen Krater im Lack.

unterschiedlich hart sind. Beim Schleifen erhebt sich dann die gespachtelte Stelle über das weggeschliffene benachbarte Holz. Besonders ungeeignet sind Kunststoffspachtelmassen sowie die von Schreinern verwendeten, für unterschiedliche Holzarten erhältlichen Holzkitte. Gute Erfahrung wurden mit Hobbypoxi-Spachtel gemacht, doch wird dieses US-Erzeugnis nicht mehr importiert. Dafür gibt es jetzt ebenfalls importierte lösungsmittelfreie Leichtspachtel.

Grundieren

Vor dem Bespannen muß das Holz grundiert werden. Soll der Flügel mit Folie bespannt werden, ist dies nicht erforderlich, ja sogar unerwünscht. Statt dessen kann man einen Haftkleber wie Balsarite oder Balsafix verwenden.

Als Grundierung eignen sich Einlaßgrund, WIK-Zweikomponentenlack oder Einkomponenten-Isolierharze wie G4. Beim Schleifen haben sich die Holzfasern entweder niedergedrückt oder sind ausgerissen. Nach dem Trocknen oder Aushärten der Grundierung richten

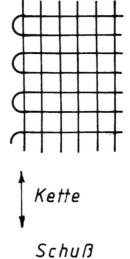

Beim Beschichten muß die Kette des Gewebes in Richtung der Spannweite liegen, da in dieser Richtung die Oberfläche geradlinig verläuft. Der elastische Schuß soll im rechten Winkel zur Spannweite liegen. Auf der Ober- und auf der Unterseite muß das Gewebe den gleichen Verlauf zeigen!

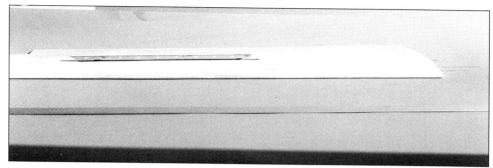
So sieht ein beschichteter und grundierter Flügel nach dem Schleifen aus (WIK Salto).

sich die niedergedrückten Fasern auf. Außerdem erkennen wir jetzt besser die Rillen im Holz. Dasselbe gilt für die Behandlung mit dem Haftkleber. Wir müssen daher mit feinem Schleifpapier die rauhe Oberfläche glätten. Falls Ihre Finger mit Lack verklebt sind, können Sie das schlecht fühlen. Fahren Sie einfach mit einem Papiertaschentuch über die Fläche. Dieses wird an der kleinsten Rauhigkeit hängenbleiben.

Metallstrukturen müssen vor dem Bespannen entfettet (Fingerschweiß) und mit Schleifpapier aufgerauht werden. Anschließend werden sie mit einem Klebelack bestrichen.

Beschichten

Ein Vollbalsa- oder vollbeplankter Flügel könnte nach dem Grundieren lackiert werden. Durch die Rillen im Holz wäre das Ergebnis aber enttäuschend. Selbst wenn wir mehrfach Spachtel und Filler auftragen würden, hätten wir hauptsächlich das Gewicht vermehrt, nicht aber die Oberfläche dauerhaft verbessert, denn Holz arbeitet. Außerdem ist die Oberfläche von Balsaholz zu weich und muß vor dem Eindrücken geschützt werden.

Abhilfe schafft ein Überzug von Papier oder Glasfasermatte, der anschließend gespachtelt und geschliffen werden muß. Erst dann haben wir eine hervorragende Oberfläche für eine Lackierung.

Als Papier wählen wir das dünnste erhältliche Bespannpapier, möglicht gelb eingefärbt. Zum Aufbringen können wir verdünnten Tapetenkleister verwenden. Da das Papier gut durchfeuchtet wird, läßt es sich leicht faltenfrei aufbringen. Papierstöße können wir bei etwas Geschick wie ein gelernter Tapezierer Stoß an Stoß ansetzen. Wenn wir dagegen die Bahnen überlappen wollen, sollten die überlappenden Kanten nicht geschnitten, sondern gerissen werden.

Etwas schwieriger - und an den Fingern klebriger - ist das Aufbringen mit verdünntem Spannlack. Hier müssen wir zuvor die Fläche mit Spannlack gestrichen und geschliffen haben, damit das Papier gut haftet, denn wir legen das trockene Papier auf und kleben es durch Bestreichen mit stark verdünntem Spannlack fest. Dabei müssen wir durch vorsichtiges Ziehen und Andrücken Falten verhindern. Nach dem Trocknen wird das Papier leicht übergeschliffen und dann mehrfach, mit Zwischenschliffen, mit Spannlack lackiert. Danach kann gespachtelt und fertig geschliffen werden. Dabei ist es für den Ungeübten sehr schwierig, Fehlstellen zu entdecken. Eine bessere Methode ist das Überstreichen mit hellem Auto-Acryllack. Dieser läßt sich nach dem Aushärten hervorragend schleifen und spachteln, bringt jedoch zusätzliches Gewicht. Der Trick ist, den Lack fast völlig abzuschleifen, bis das farbige Papier durchscheint. Danach ist die Fläche für die endgültige Lackierung fertig.

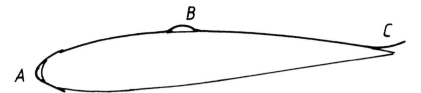

Wenn man beim Beschichten nicht sorgfältig vorgeht, entstehen Blasen und unverbundenes Gewebe:
A: Die Nase ist besonders kritisch.
B: Hier ist eine Blase nicht sorgfältig ausgezogen.
C: An der Endleiste besteht die Gefahr, daß das Gewebe nicht vollständig angeklebt ist.

Dünnes Glasfasergewebe (20 g/m^2) ist ebenfalls als Überzug geeignet. Allerdings kann man dieses Gewebe nicht mit Spannlack aufbringen. Ganz einfach gelingt das mit WIK-Zweikomponentenlack. Das Gewebe muß an den Stößen überlappt werden. Dieses dünne Gewebe muß sehr vorsichtig behandelt werden, damit sich keine Beulen bilden. Wir legen das Gewebe auf und streichen den Lack vorsichtig auf, wobei wir sorgfältig ziehen, um Falten und Beulen zu vermeiden. Auch hier wird der Lackauftrag mit Zwischenschleifen wiederholt. Danach könnten wir die Flächen mit Klarlack überziehen. Das Ganze sieht sehr gut aus, da die Holzstruktur sichtbar bleibt. Das Glasfasergewebe ist nur aus allernächster Nähe zu erkennen. Auch hat der Flügel jetzt eine annehmbare Oberflächenhärte. Luftblasen unter dem Gewebe machen allerdings die ganze Schönheit zunichte.

Lackieren

Ist eine weiße oder farbige Lackierung erwünscht, müssen wir Füller auftragen, um die Gewebestruktur zu verdecken, und Unebenheiten mit Spachtel ausbessern. Der Füller sollte hellfarbig sein, um zu erkennen, wann wir bis zum Gewebe geschliffen haben.

Eine gute Lackierarbeit erfordert also viel Vorbereitung! Darüber hinaus muß noch sehr viel mehr beachtet werden:

– Falsche Grundierung und ungeeigneter Spachtel können Stoffe freisetzen, welche im Lack Poren verursachen. Vielleicht war die Grundierung nicht genügend getrocknet, oder der Spachtel enthielt zuviel Härter?
– Vor dem Lackieren muß die Fläche absolut staubfrei sein. Das beste Mittel ist Abwischen mit einem Staubbindetuch.
– Die Fläche muß frei von Fett, Fingerabdrücken und Silikonen sein. GFK-Rümpfe formen und Flügel lackieren geht also nicht im gleichen Raum und zur gleichen Zeit.
– Der Lackierraum muß frei von Staub und Zugluft und darf nicht kalt sein. Alle, auch die entferntesten Gegenstände im Raum müssen abgedeckt werden. Es hat wenig Sinn, eine Absaugung zu bauen, da ja dann Luft auch hereinkommen muß, und die ist bestimmt nicht staubfrei.
– Atemschutz muß getragen werden!

Die Teile des Flügels, welche nicht lackiert werden dürfen, wie Befestigungszungen, Ruderanschlüsse, Ruderhebel, Aussparungen für Rudermaschinen und Fahrwerk, müssen mit Klebeband abgedeckt werden. Um die Fläche während des Lackierens umdrehen und ablegen zu können, stecken Sie in Wurzel und Randbogen sowie in die Endrippen der Querruder und Klappen mehrere Polsternadeln, am besten mit aufgesteckten Brettchen.

Wir haben die Wahl zwischen farbigem Spannlack, Nitrolacken und Kunstharzlacken. Farbiger Spannlack läßt sich nach Verdünnen auch mit der Spritzpistole verarbeiten. Reparaturen sind sehr einfach, allerdings muß Spannlack nach jedem Auftragen noch nachgeschliffen und poliert werden. Dasselbe gilt für Nitrolacke, welche allerdings heute kaum noch gebräuchlich sind.

Kunstharzlacke ergeben eine glänzende Oberfläche, wenn sie fachgerecht mit der Spritzpistole verarbeitet werden. Wir können wählen:

- herkömmliche Kunstharzlacke mit langer Trockenzeit und der Gefahr des Verstaubens. Auch können wir auf diese keine Nitrolacke auftragen, weil diese die untere Lackschicht anlösen.
- schneller trocknende Nitrokombilacke
- schnell und glänzend trocknende Polyuretanlacke
- Zweikomponenten-Acryllacke, welche schnell aushärten und eine glänzende und widerstandsfähige Oberfläche ergeben

Manche dieser Lacksorten können wir fertig aus Sprühdosen verarbeiten. Dabei muß die Lackdose warm sein, damit die gesprühten Lacktropfen auf der Fläche verlaufen. Damit die Dose nicht zur Handgranate wird, benutzen Sie nichts anderes als einen Topf mit gut warmem Wasser. Nach jedem Sprühen stellen Sie die Dose auf den Kopf und blasen durch Drücken des Ventilknopfes die Düsenöffnung frei. Am besten sprühen Sie diesen Rest in einen Karton.

Elektrisch betriebene Spritzgeräte erfordern verdünnten Lack und einen bereitstehenden kleinen leeren Karton. Dahinein müssen Sie den Strahl beim Einschalten und beim Ausschalten lenken, denn dann schießt jedesmal ein dicker Spritzer heraus. Füllen Sie den Vorratsbecher rechtzeitig nach, denn der dicke Spritzer kommt auch heraus, wenn der Becher leer wird!

Druckluftspritzgeräte erfordern einen Kompressor. Mit ihnen kann der Fachmann die beste Lackierung erreichen. Allerdings muß die Pistole richtig eingestellt werden, und das lassen Sie sich am besten von einem Lackierer zeigen. Der Trick ist, daß ständig ein Luftstrahl die Pistole verläßt, in den dann der Farbnebel sozusagen zugemischt wird. Dadurch entstehen sanfte Farbansätze und keine Spritzer. Vergessen Sie nicht, die Pistole nach dem Spritzen sofort gründlich zu reinigen. Sie ist ein Präzisionsgerät!

Farbloser und farbiger Spannlack. Die abgebildete Sorte ist kraftstoffbeständig.

Lackieren mit Spraydosen ist besonders preisgünstig, wenn aus der Mode gekommene, ausgemusterte Autolacke verwendet werden.

Papier- und Gewebebespannung

Eine Bespannung mit Papier oder Textilien erhöht die Festigkeit der Fläche beträchtlich. Eine fachgerechte Bespannung erfordert aber viel Zeit. Eine schlecht aufgebrachte Bespannung führt zu Verzügen des Flügels.

Mikrofilm wird als Zelluloselackfilm auf Wasser gegossen, danach auf die Flügelstruktur aufgelegt und bildet lediglich eine luftdichte Profiloberfläche. Diese Bespannung ist nur für Saalflugmodelle geeignet.

Bespannpapier wird aufgeklebt, gespannt und erhöht bei sachgerechter Verarbeitung die Festigkeit der Fläche erheblich.

Seide ist viel schwieriger als Papier zu verarbeiten, ist auch nicht fester, sieht aber auf Oldtimer- oder Scale-Modellen sehr schön aus.

Kunstseide und Nylon sind sehr schwierig aufzubringen, da sie kaum schrumpfen. Ihre Festigkeit übertrifft die der Holzkonstruktion.

Ehe wir bespannen, sollten wir uns überlegen, wie der fertige Flügel aussehen soll. Farblos lackierte Flügel lassen die Rippen und Holme durchscheinen. Von unten gegen die Sonne sieht das sehr schön aus. Am Boden kann man die saubere Bauausführung, aber auch innere Schäden erkennen.

Eine farbige Lackierung erhöht das Gewicht, verbessert bei richtiger Ausführung aber auch das Aussehen. Außerdem können wir bei entsprechender Farbe unser eigenes Modell leichter von anderen unterscheiden. Am einfachsten ist es, mit farbigem Papier oder Gewebe zu bespannen.

Papierbespannung

Eine Papierbespannung wird am einfachsten mittels Tapetenkleister aufgebracht. Da der Kleister wasserlöslich ist, können wir das Papier jederzeit verschieben. Bei einer konvexen Flügelunterseite beginnen wir mit der Bespannung der Unterseite. Beplankung, Rippen und Endleiste werden zuerst mit dem Kleister bestrichen. Anschließend legen wir das Papier

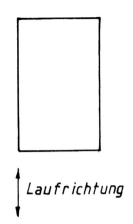

Beim Bespannen muß die Laufrichtung der Papierbahn - die längere Seite des Bogens - in Richtung der Spannweite zeigen. Dies gilt für Ober- und Unterseite des Flügels.

auf und drücken es auf Rippen, Beplankung und Endleiste fest. Zum Straffen besprühen wir das Papier mit Wasser. Dazu eignen sich je nach Haushalt ausgediente Parfümzerstäuber oder Wäscheanfeuchter.

Seidenbespannung

Für eine Seidenbespannung müssen wir den Rohbau zusätzlich vorbereiten. Alle zu bespannenden Flächen werden mit Klebelack bestrichen. Diesen kann man selbst durch Mischen von Spannlack mit Zelluloseklebe herstellen. Bevor Sie nun dieses zarte Gewebe auflegen, müssen Sie die gesamte Oberfläche des Flügels mit feinem Schleifpapier überarbeiten. Sollten noch einzelne, von Ihnen übersehene Holzfasern herausragen, würde das Seidengewebe festhaken. Prüfen Sie daher durch Überwischen mit einem Papiertaschentuch!

Um das Seidengewebe geschmeidig zu machen, feuchten wir es mit aufgesprühtem Wasser an. Nach dem Auflegen ziehen wir es zurecht und kleben es durch aufgestrichenen verdünnten Spannlack fest. Dabei bilden sich durch das Zusammentreffen von Spannlack mit Wasser häßliche weiße Flecke. Diese werden aber bei weiteren Lackanstrichen verschwinden.

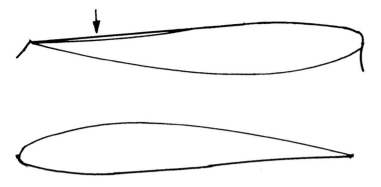

Bei konvex gewölbter Unterseite muß diese zuerst bespannt werden. Sollte sich die Bespannung an irgendeiner Stelle lösen, kann diese einfach von oben nachgeklebt werden.

Überstehende Reste der Bespannung werden mit feinem Schleifpapier entfernt.

Der Flügel ist mit Papier bespannt, die Zahlen sind Schiebebilder.

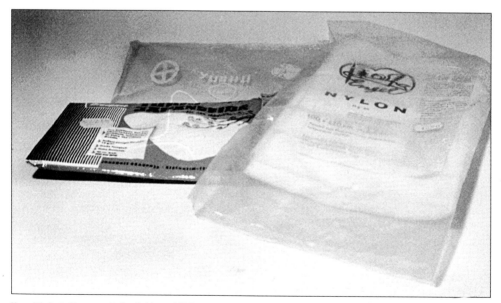

Verschiedene Bespannstoffe: Seide und Nylon.

Nylonbespannung

Nylongewebe können wir ähnlich wie Seidengewebe aufbringen. Da aber Kunststoffgewebe wenig schrumpfen, müssen wir diese Bespannung bereits beim Auflegen straffen.

Spannlack

Es gibt sehr unterschiedliche Spannlacke. Sie dürfen auf keinen Fall untereinander gemischt werden. Auch erfordert jede Lackart eine besondere Verdünnung:

- Einfache Nitro-Spannlacke sind brennbar und nicht kraftstoffbeständig. Als Verdünnung genügt Brennspiritus.
- Nicht brennbare Spannlacke sind nicht kraftstoffbeständig. Sie verlangen eine besondere Verdünnung.
- Kraftstoffbeständige Spannlacke sind brennbar und erfordern eine spezielle Verdünnung.

Ob Papier oder Gewebe, der Flügel wird erst nach weiteren Lackanstrichen luftdicht und witterungsbeständig. Weiterhin erhöht sich die Festigkeit und die Straffheit der Bespannung. Leider wächst dabei auch die Möglichkeit eines Verzuges. Daher sollten Sie folgende Regeln zu beachten:

- Bei den ersten Anstrichen den Spannlack verdünnen. Erst wenn die Gewebestruktur geschlossen ist, tropft kein Lack mehr hindurch.
- Nach jedem Anstrich den Flügel zum Trocknen fest einspannen.
- Jeden getrockneten Lackauftrag leicht überschleifen.
- Falls die Bespannung zu straff geworden ist, den nächsten Lackauftrag durch Zugabe von etwa 2% Rizinusöl geschmeidiger machen.

Farbige Lackierung

Farbige Lackierungen können sehr gut aussehen, erhöhen aber das Gewicht des Flügels

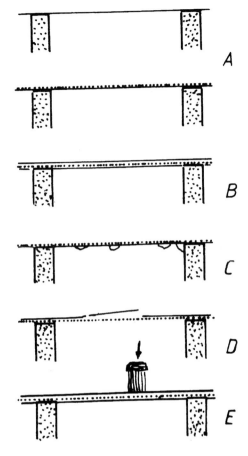

Um ein Durchtropfen des Spannlacks zu verhindern, gibt es zwei Verfahren:
A: Man bespannt zuerst mit dünnem Papier und danach mit Seide oder Nylon.
B: Die ersten Anstriche werden mit verdünntem Spannlack ausgeführt, bis alle Poren geschlossen sind.
C: So tropft unverdünnter Spannlack durch Seide hindurch.
D: Nylongewebe trotzt Spannlack, der bei einer harten Landung abplatzt.
E: Deshalb muß der Spannlack bei Nylongewebe mit einem Pinsel in das Gewebe eingearbeitet werden.

beträchtlich. Für einen 4-Meter-Segler gehen für die Flächen mindestens 0,5 kg Autolack drauf. Das Problem liegt einmal in der unterschiedlichen Deckfähigkeit der Farben, zum anderen an den unterschiedlichen Gewichten der Farbpigmente. Reines Weiß (Mix-Weiß) und Gelb decken schlecht, erfordern also viel

Lack. Dagegen ist das weniger reine RAL-Weiß sparsamer, blendet auch weniger im Sonnenlicht. Schwarz deckt am besten, wiegt also am wenigsten. In 300 m Höhe sieht jedes Modell schwarz aus!

Bei mehrfarbiger Lackierung muß zuerst die hellere Grundfarbe aufgetragen werden. Für weitere Farben werden die Farbränder mit Klebeband abgedeckt. Große Flächen müssen durch Papierabdeckungen geschützt werden. Dünne Transparent-Klebefilme dichten die Ränder sehr gut ab, haften aber manchmal so gut auf der Fläche, daß beim Abziehen des Films Farbe mit abgerissen wird. Nach dem Lackieren wird das Abdeckband noch vor dem völligen Trocknen der Farbe vorsichtig abgezogen, so daß der Farbrand etwas verlaufen kann.

Für komplizierte Muster müssen Klebefolien entsprechend ausgeschnitten werden. Diese sind sehr schwierig faltenfrei aufzubringen. Eine andere Methode ist das Auftragen von Abziehlack. In diesen werden dann die Muster eingeschnitten und die zu lackierenden Stellen abgerieben. Der Lackfilm läßt sich leicht entfernen. Beim Ausschneiden verletzt man aber leicht die vorher lackierte Oberfläche.

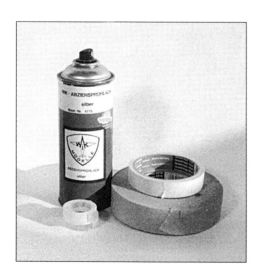

Klebefolien, Kreppband und Abziehlack werden für mehrfarbige Lackierungen benötigt.

Folienbespannung

Folien lassen sich wesentlich einfacher und schneller als Papier oder Gewebe aufbringen, ganz zu schweigen vom Beschichten und Lackieren. Sie tragen aber wenig zur Festigkeit des Flügels bei. Nach jahrelangen Versuchen mit den verschiedensten Folien benutzt der Autor nur noch die teuerste Sorte.

Haftverbesserer wie Balsarite oder Balsafix verhindern das Lösen der Folie.

An Geräten benötigen wir wasserlösliche Overheadprojektions-Farbstifte zum Anzeichnen, scharfe Scheren und Messer, eine lange Metallschiene zum Entlangschneiden sowie ein einstellbares Bügeleisen und einen Folienfön.

Die einzige Schwierigkeit bildet am Anfang die Bestimmung der richtigen Temperatur des Bügeleisens beim Aufbringen und beim Straffen. Dazu machen wir einige Versuche an kleinen Folienresten bei verschiedenen Einstellungen des Bügeleisenthermostaten. Dabei können wir von folgenden Arbeitsregeln ausgehen:

– Anheften und Befestigen der Folie bei relativ niedrigen Temperaturen
– Straffen der Folie mit höherer Temperatur
– Glätten von starken Falten mit hoher Temperatur. Eine zu hohe Temperatur zerstört die Folie.

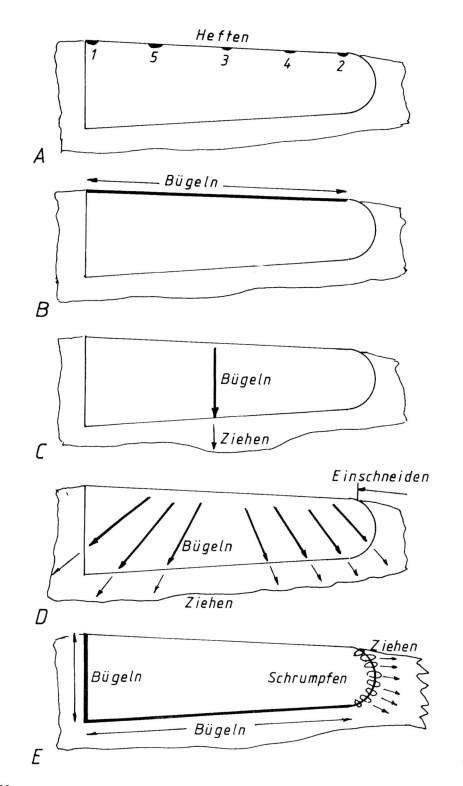

122

Gerade bei einer Folienbespannung treten die kleinsten Fehler der Oberfläche deutlich hervor!

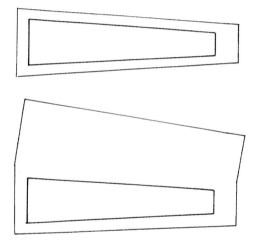

Auch die Flügel eines großen Seglers sollten am besten in einem Stück umhüllt werden.

Gerade bei einem Folienfinish kommt es auf größte Sauberkeit des Rohbaus an. Einen Lackfehler kann man wegpolieren, ein Staubkorn unter der Folie nicht! Leimspuren und Spachtel zeichnen sich voll durch die Folie ab. Die feinen Rillen der Holzfasern werden dagegen von einer dickeren Folie perfekt überdeckt.

Es empfiehlt sich, den Flügel wenn möglich in einem Stück zu bespannen, da an den Folienrändern Schmutz, Kraftstoff und Auspuffauswurf unterkriechen kann. Bei geteilter Bespannung dürfen keine Folienränder in Flugrichtung weisen. Doch kann man dies am Ende des Profils nicht immer vermeiden.

Die Folie wird mit reichlich Übermaß angezeichnet und ausgeschnitten. Nach Entfernen der Schutzfolie wird die Folie über dem Flügel ausgebreitet und sorgfältig faltenfrei ausgerichtet. Danach wird sie entsprechend einem Schema zuerst an den Ecken und dann entlang der Nase und Endkante in Abständen mit dem Bügeleisen angeheftet. Durch vorsichtiges Erhitzen kann man falsche Heftungen wieder lösen.

Ist die Folie richtig angeheftet, wird sie auf der Holzstruktur festgebügelt. Dabei muß das Bügeleisen so geführt werden, daß keine Blasen durch eingeschlossene Luft entstehen. Um diese zu vermeiden, empfiehlt es sich, vor dem Aufbügeln das Holz in Zentimeterabständen mit einer Stecknadel anstechen. Ist aber eine Blase entstanden, so muß die Folie angestochen und die Blase niedergebügelt werden.

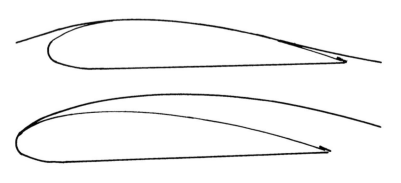

Folienhersteller empfehlen, zuerst die Unterseite und danach die Oberseite zu bespannen.

Viel besser ist die Umhüllung des Flügels in einem Stück!

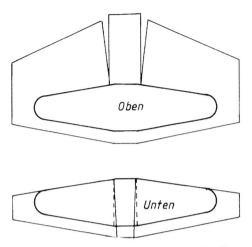

Bei einem Trapezflügel empfiehlt es sich, die Oberfläche des Flügels durchgehend zu bedecken. Die Unterseite erfordert zwei Einschnitte.

Um Kratzer und Bügelspuren zu verhindern, kann man die Folie mit dem Fön erwärmen und mit einem Leinenlappen feststreichen. Warum Leinen? Nun, Leinen fusselt nicht und verträgt die höchste Temperatur. Diese Methode ist etwas schwieriger, denn wenn man mit dem Fön zu stark erhitzt, entsteht ein Loch. Erhitzt man zu wenig, wird sich irgendwann während des Fluges die Folie lösen, und Sie müssen sich schnell entscheiden, ob Sie nach der herabsegelnden Folie oder nach Ihrem Modell sehen wollen.

Schwierigkeiten bereiten anfangs die stark gewölbten Randbogen. Nicht jeder hat eine geduldige Helferin oder einen Freund, denn jetzt muß stark gezogen und dabei natürlich der Flügel irgendwie festgehalten werden.

Bei den Randbogen machen wir es genau umgekehrt wie beim bisherigen Bespannen. Erst ziehen wir und glätten mit höherer Temperatur die Falten, dann erst bügeln wir die Folie bei niedrigerer Temparatur am Holz fest. Dabei laufen wir weniger Gefahr, uns die Finger zu verbrennen, wenn wir die Folie mit reichlich Übermaß zugeschnitten haben.

Sobald die Folie befestigt ist, wird sie über der offenen Flügelstruktur gestrafft. Dazu regeln wir die Temperatur des Eisens herauf. Wir bewegen das Eisen langsam über die Rippen. Dabei sehen wir, daß die Folie durchgehend straffer wird. An einigen Stellen werden

Dieser Flügel eines Oldtimers Ni 23 ist mit Bügelgewebe bespannt. Die Grundfarbe Silber und die Kokarden Rot-Weiß-Blau wurden, wie im Jahre 1917, mit dem Pinsel aufgetragen.

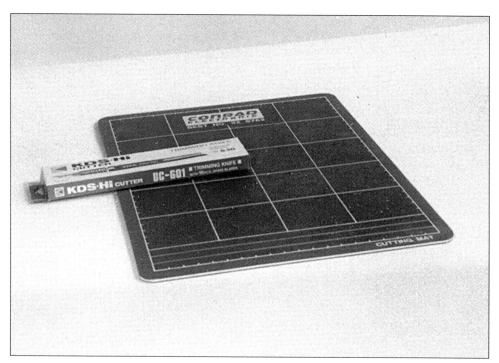

Auf einer Folienschneidematte lassen sich Verzierungen aus Klebefolien leicht mit dem Messer ausschneiden. Die Matte aus selbstheilendem Kunststoff wird dabei nicht beschädigt.

Die Sonnenstreifen und der polnische Adler dieses Doppeldeckers WACO-CTO wurden aus Klebefolie ausgeschnitten und mittels Wasser und Netzmittel aufgebracht. Anschließend folgten schwarze Selbstklebebänder an den Rändern der Sonnenstreifen und, mit etwas Abstand, um den Adler herum.

aber noch Falten bleiben. Diese - nur diese - glätten wir bei noch höherer Temperatur.

Zum Schluß wird die überstehende Folie beschnitten und der geringe Überstand umgebügelt, um eine Überlappung der Flügeloberseite und Unterseite zu erreichen.

Bügelgewebe

Bügelgewebe werden genauso wie Bügelfolien aufgebracht. Es empfiehlt sich aber, vor dem Festheften die Gewebebahn mit Stecknadeln festzustecken.

Verzierungen

Folienbespannte Flügel und auch lackierte Flügel lassen sich am einfachsten mit Selbstklebefolien verzieren. Dabei geht man in folgenden Schritten vor.

Man entwirft ein Muster der Verzierungen oder sucht sich ein solches aus Katalogen, Zeitschriften, Büchern heraus. Scheuen Sie sich nicht, Ihre Ehefrau oder Freundin zu konsultieren. So vermeiden Sie falsche Proportionen oder Farben, die sich beißen.

Zeichnen Sie auf Papier die Muster auf, schneiden sie aus und legen sie auf die Fläche. Zeichnen Sie mit dem wasserlöslichen Stift die Lage des Musters auf dem Flügel an!

Zeichnen Sie mittels der Papierschablone die Umrisse oder Muster auf die Schutzfolienseite der Selbstklebefolie auf. Vor dem Zuschneiden prüfen Sie, ob Sie es nicht seitenverkehrt aufgezeichnet haben. Zu dumm, wenn die Folie verbraucht ist.

Schneiden Sie das Muster aus - gerade Kanten mittels einer Metallschiene auf einem Holzbrett, komplizierte Verzierungen freihändig auf einer Folienschneidematte.

Bitten Sie Ihre Küchenfee um eine Schale Wasser und etwas Geschirrspülmittel. Tauchen Sie Ihre Finger in das Spülmittel und ziehen die Schutzfolie ab. Tauchen Sie die Klebefolie vollständig in das Bad und legen sie danach auf den Flügel auf. Sie können die Verzierung jetzt noch beliebig verschieben und entsprechend den Markierungen ausrichten.

Tupfen Sie die Folie mit Papiertaschentüchern auf dem Flügel fest und streichen dabei das Wasser zu den Rändern hin fort.

Pause bis zum Austrocknen.

Zierstreifen heben die Umrisse der Verzierungen hervor. Solche Streifen könnte man aus Selbstklebefolie zurechtschneiden. Einfacher ist es, fertig konfektionierte Streifen in den gewünschten Farben und Breiten anzuwenden. Da wir diese Streifen von der Rolle abziehen, ersparen wir uns das Spülmittel.

Für alle Fälle: Reparaturtips

Wer noch nie einen Schaden an seinem Modell erlitten hat, ist nie geflogen. Viele Reparaturen können wir auf dem Flugplatz ausführen. Andere werden wir besser in der Werkstatt erledigen.

Was man auf dem Flugplatz zur Hand haben sollte

Sehen wir einmal von groben Versäumnissen wie einem vergessenen Höhenleitwerk oder Sender ab, so braucht man eigentlich nichts außergewöhnliches mitzunehmen, vorausgesetzt, man trifft auf dem Flugplatz zuverlässige Kameraden mit genügend Werkzeugen und Ersatzteilen.

Leidvolle Erfahrungen zeigen, was alles biegen oder brechen kann und welche Teile und Werkzeuge den Tag retten können:

– Löcher in der Bespannung finden sich oft nach der Landung an steinigen oder mit Büschen bewachsenen Landeflächen.
– Abgebrochene Ruderscharniere, Ruderhörner, Gewindehülsen und Gabelköpfe treten nicht selten nach harter Beanspruchung auf.
– Eingedrückte Beplankungen oder Nasenleisten und angebrochene Holme können bei Überbeanspruchung auftreten.
– Gelegentlich geben Stecker, Verbindungskabel und Schalter ihren Geist auf, oder eine Rudermaschine verweigert die Mitarbeit.

Nicht alles läßt sich auf dem Fluggelände problemlos und schnell reparieren. Gerade bei Schäden an tragenden Teilen ist es sinnvoller, die Reparatur in Ruhe zu Hause auszuführen.

Folgende Zusammenstellung von Werkzeugen und Ersatzteilen hat sich im Laufe der Jahre als sehr hilfreich erwiesen:

– Balsamesser, Schleifpapierfeile
– Nadeln, Klammern
– Klebefilm, Gewebeband, Kreppband
– Lötkolben (12 Volt oder Gas), Lötzinn, Lötfett, Schmirgelleinen
– Seitenschneider, Spitzzange
– Schraubendreher - flach und Kreuzschlitz
– Innensechskantschlüssel, Gabelkopföffner
– Blitzkleber, Zweikomponentenkleber - schnellbindend
– Gewindelötmuffen, Gabelköpfe, Kugelköpfe, Kugelbolzen, Muttern, Stoppmuttern, Gewindestangen, Lüsterklemmen, Sicherungshülse für Gabelköpfe, Ruderscharniere
– Ersatzabtriebshebel mit Ersatzschrauben
– eine Rudermaschine
– Verlängerungskabel, Y-Kabel, Schalterkabel oder Übergangskabel vom Akku zum Empfänger
– Ersatzschrauben, Gummiringe
– GFK-Gewebestreifen, kurze Stahldrähte für Rudergestänge

Verbesserungen und Reparaturen in der Werkstatt

Vielleicht haben Sie Ihr Modell vor dem Lesen dieses Buches gebaut oder haben es fertig gekauft. Viele unangenehme Dinge können im Flugbetrieb geschehen. Die einfachen Pannen haben Sie ja schon auf dem Flugplatz beseitigt. Jetzt aber wird es schwieriger.

Gebrochene Holme, Nasen- und Endleisten

Diese werden am besten zuerst auf dem Baubrett mit Blitzkleber zusammengeheftet. Danach wird die Bruchstelle durch Aufleimen einer Verstärkung aus Sperrholz, Balsa oder Kieferleiste verstärkt. Vergessen Sie nicht, diese an den Enden abzuschrägen, um Kerbwirkungen zu vermeiden.

Eingedrückte oder zersplitterte Beplankung

Schneiden Sie ein Beplankungsstück zurecht, welches die Bruchstelle überdeckt. Schneiden Sie die Kanten schräg zur Faserrichtung. Legen Sie das Stück auf die beschädigte Stelle des Flügels und heften es mit Nadeln fest. Jetzt können Sie entlang der Kanten die Beplankung mit genau senkrecht gehaltenem Messer anschneiden. Das neue Stück kann jetzt in die Beplankung eingepaßt und eingeklebt werden. Bei starker Wölbung der Beplankung kann es hilfreich sein, vorher schmale Streifen von unten an die alte Beplankung zu kleben. Vermeiden Sie Leimaustritt an den Nähten. Diese lassen sich nicht völlig verschleifen, da die Beplankung beim Schleifen nach unten federt.

Eingerissene Bespannung oder Folie

Trennen Sie die beschädigte Bespannung oder Folie im ganzen Rippenfeld heraus. Rauhen Sie die Ränder einige Millimeter breit mit feinstem Schleifpapier oder einem Glashaarpinsel auf. Streichen Sie diesen Streifen mit Spannlack, bei Folie mit Balsarite ein. Das neue Stück Bespannung oder Folie soll die Ränder nur einige Millimeter überlappen. Kleben oder bügeln Sie das Reparaturstück fest. Anschließend wird es mit Spannlack oder mit dem Bügeleisen gestrafft.

Wenn Ihr Segler mit Transparentfolie bespannt ist, kann es sehr reizvoll aussehen, wenn Sie für die Reparaturstücke andersfarbige Transparentfolie verwenden.

Ausgerissene Gabelköpfe oder Umlenkhebel

Hier müssen Sie die Außenhaut, also die Bespannung oder die Beplankung, öffnen, um an die Gedärme zu gelangen. Dabei müssen Sie zuerst feststellen, an welcher Stelle sich die beschädigten Teile befinden, und dazu müssen Sie den Bauplan studieren und von außen die Stelle ausmessen und markieren. Ist die Stelle bespannt, trennen Sie einfach die Bespannung des Rippenfeldes heraus. Sie können dies, wie oben beschrieben, später reparieren.

Liegt das Objekt unter der Beplankung, so sollten Sie sich überlegen, ob Sie vielleicht später noch einmal nachsehen wollen. In diesem Falle schneiden Sie eine kreisrunde Öffnung, passend für einen Wartungsdeckel aus Kunststoff. Im anderen Falle schneiden Sie die Beplankung rautenförmig aus und setzen später ein Reparaturstück ein, wie es oben bei der Reparatur eingedrückter Beplankungen beschrieben ist.

Nach dem Abheben der Bespannung oder der Beplankung lassen sich die beschädigten Teile ersetzen und die abgerissenen Lager der Umlenkhebel wieder befestigen.

Bei manchen Flügelkonstruktionen ragen die Gabelköpfe nur wenig aus der Wurzelrippe heraus. Sie können daher abgebrochene Gewindehülsen nicht vom Gestänge entfernen, um neue anzulöten. Auch in diesem Falle müssen Sie das Gestänge am Umlenkhebel aushängen, um den Draht aus der Wurzelrippe herauszuziehen. Mit einem Wartungsdeckel ist dies kein Problem.

Defekte Störklappen

Diese Reparatur ist eine der undankbarsten Aufgaben. In der Regel sind die Störklappenkästen eingeklebt und von den Seiten nicht zugänglich. Will man an die inneren Teile, Hebel und Schieber herankommen, so müssen die ausfahrenden Streifen abgebaut werden. Danach muß man versuchen, von innen durch vorsichtiges Biegen des Metallkasten die Hebel herauszuwuchten. Jetzt kann man herausgefallene Stifte oder ähnliches wieder einsetzen. Der Einbau der Hebel ist kritisch, da ja der Kasten verformt ist und den Lagerstiften der Hebel keine sichere Führung mehr bietet.

Bei dickeren Flächenprofilen können Sie einen Kasten einbauen, in welchen die Störklappen eingeschoben und durch Schrauben festgehalten werden. Diese lassen sich jederzeit leicht ausbauen. Eine weitere Möglichkeit bieten zerlegbare Klappen. Die Hebel lassen sich alle ausrasten und entfernen. Zeichnen Sie vor dem Einbau eine Skizze, damit Sie später wissen, in welche Richtung die Hebel ausrasten. Zerren Sie in die falsche Richtung, werden die Hebel brechen. Haben Sie Ersatz?

Abgebrochene Scharniere und Ruderhörner

In den seltensten Fällen sind die Scharniere nur durch Metallstifte gesichert und die Ruderhörner angeschraubt. In diesem Falle ist der Austausch sehr einfach.

Eingeklebte Stiftscharniere müssen dagegen abgeschnitten und ausgebohrt werden. Dies ist sehr schwierig, weil der Bohrer gerne vom harten Stift ins weiche Holz laufen möchte. Haben Sie dennoch glücklich durchgebohrt, fällt wahrscheinlich der Stiftrest in den Flügel und macht sich beim Schütteln des Flügels bemerkbar.

Bei Scharnieren, welche durch Stifte gesichert sind, müssen Sie diese mit einer Spitzzange entfernen. Holzdübel (Zahnstocher) lassen sich ausbohren. Auch hier darf der Bohrer nicht verlaufen. Bohren Sie mit einem kleineren Bohrer. Der Rest des Stiftes läßt sich von der Seite am Scharnier entlang mit einem Messer abschneiden.

Die einfachste Methode ist die, abgebrochene Scharniere bündig abzuschneiden und zu vergessen. Setzen Sie in geringem Abstand einfach neue Scharniere ein.

Abgebrochen, eingeklebte Ruderhörner müssen sorgfältig herausgefräst werden. Entsteht dabei eine zu große Öffnung, so ist es besser, ein größeres Stück Holz einzuleimen und eine neue Öffnung für das Einsetzen des Ruderhorns auszuschneiden.

Verbogene Stahlzungen

Wenn die Stahlzungen mit Epoxidharz eingeklebt sind, müssen Sie diese erst einmal entfernen. Dazu muß man das Harz erweichen, das geht mit viel Geduld mittels der Hitze eines Lötkolbens. Für einen guten Wärmeübergang sollten Sie den an der Wurzelrippe liegenden Teil der Zunge verzinnen. Halten Sie eine kräftige Zange, Schraubzwinge oder Feststellzange bereit, mit der Sie an der Zunge ziehen können. Das Erhitzen dauert mehrere Minuten. Sobald Sie einen würzigen Duft spüren, können Sie den ersten Versuch wagen. Nach dem Erkalten prüfen Sie, ob die neue Zunge sich leicht einführen läßt. Versuchen Sie die Öffnung mit einer flachen Schlüsselfeile zu erweitern.

Versuchen Sie nicht, eine stark verbogene Zunge zu richten, sondern bauen Sie eine neue ein. Vergessen Sie nicht, die richtige Einbautiefe zu kontrollieren.

Schwergängige Rudergestänge

Es gibt eine Vielzahl von Ursachen für klemmende Rudergestänge. Gabelköpfe können anschlagen, weil deren Auslenkung bei Vollausschlag nicht beachtet wurde. Drahtzüge können im Führungsröhrchen klemmen, weil diese mit einem zu kleinen Biegeradius verlegt wurden. Durch Brüche im Inneren des Flügels kann das Führungsröhrchen gequetscht worden sein.

Eine Möglichkeit ist es, den Drahtzug durch einen mit kleinerem Durchmesser zu ersetzen, da dieser flexibler ist. Um das Spiel auszugleichen, muß auf diesen Draht eine dünne Kunststoffhülle aufgezogen werden.

Ist das Führungsröhrchen nur an beiden Enden eingeklebt, so kann man es lösen und ein neues einziehen. Zweckmäßig wird zuerst ein Führungsdraht eingeschoben und beim Herausziehen das neue Röhrchen fortlaufend nachgeschoben.

Die letzte Möglichkeit ist das Einführen eines neuen Röhrchens, unmittelbar neben dem alten. Dazu müssen die Sperrholzrippen an der Wurzel durchbohrt werden. Mit einem langen, vorne zahnförmig angefeilten Messingröhrchen werden nun die weiteren Rippen durchbohrt. Das Rohr wird laufend herausgezogen, um die Späne mit einem langen Draht herauszustoßen. Am Schluß wird das Rohr entfernt, der Draht aber als Führung für das Einschieben des Röhrchens im Flügel belassen und erst nach dessen vollständigem Einschieben entfernt.

Defekte elektrische Leitungen

Schadhafte Leitungen werden am besten durch Einziehen einer neuen ersetzt. Dies gelingt leicht, wenn die neue Leitung an die alte angelötet und mit ihr eingezogen wird. Ist dies nicht möglich, so verfährt man wie beim Einziehen eines Seilzuges, also mit dem Messingrohr vorbohren, dann die Leitung mit dem Stahldraht verbinden (Löten oder Schrumpfschlauch) und danach mit dem Stahldraht einziehen.

Aus meiner Werkstatt: Beispiele gebauter Flügel

Nachdem so viele Zeilen über Werkstoffe, Konstruktionen und die unterschiedlichen Bauweisen von Flügeln geschrieben worden sind, soll jetzt der Bau einiger ausgewählter Flügel beschrieben und an Hand von Fotos dokumentiert werden. Zu diesem Zweck hat der Autor die Flügel einiger seiner Modelle neu gebaut und dabei auch Schwierigkeiten und Fehler der Vergangenheit berücksichtigt oder durch kleine konstruktive Änderungen verhindert.

Es handelt sich um Flügel aus Baukästen oder nach Bauplänen. Sicher wird Ihnen auffallen, daß dies überwiegend ausländische Baukästen oder Konstruktionen sind. Das liegt daran, daß hiesige Firmen nur mit Baukästen, welche Kunststoffrümpfe und beplankte Schaumkernflächen enthalten, zufriedenstellende Umsätze erreichen. So sind unzählige hervorragende Konstruktionen aus dem Angebot verschwunden, weil die Mehrzahl der Modellflieger sogenannte Fastfertigmodelle verlangt. In Ländern, wo Modellflieger etwas sparsamer kalkulieren müssen, ist dagegen noch der Bau von Modellen aus vielerlei Holzvorräten und Resten, im englischen als „scrap building" bezeichnet, die Regel.

Es ist sehr schwer, eine Auswahl unterschiedlicher Flügelkonstruktionen und deren Bau zu treffen. Der Autor hat aus über 50 Modellen die folgenden ausgewählt.

Segelflugmodell Termik

Ein leichter zweiachsgesteuerter Segler. Der Baukasten einer tschechischen Firma (Thermik wird dort ohne h geschrieben) wird von Conrad Electronic importiert.

Die Rippen sind aus Polystyrol im Spritzgußverfahren hergestellt, und das hat einige Vorteile. So sind die Rippen unzerbrechlich. Zum Zusammenbau werden sie einfach nach unten auf die Holme gedrückt und mit Blitzkleber geheftet.

Da die Beplankungsbrettchen eine unvollkommene Oberfläche besaßen und nicht noch dünner geschliffen werden sollten, wurde eine Papierbespannung gewählt.

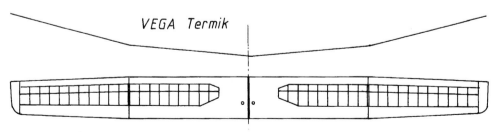

Übersichtszeichnung des Flügels der VEGA Termik

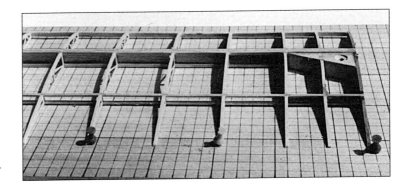

Die Rippen sind mittels Blitzkleber auf den Holmen festgeheftet. Die Hilfsnasenleiste ist vorgeklebt.

Die Neigung der Wurzelrippen entsprechend der V-Form der Innenflügel wird durch Schablonen festgelegt. Da die Sperrholzrippen verzogen sind, müssen sie durch Nadeln und einen Klotz zum Verleimen gerichtet werden.

Wurzelrippen und Knickzungen sowie die Steckhalterungen müssen ausgesägt werden. In eine Halterung ist bereits das Messingröhrchen eingeklebt. Die Klötze für die Verschraubung sind Fertigteile.

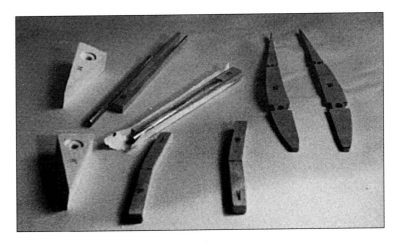

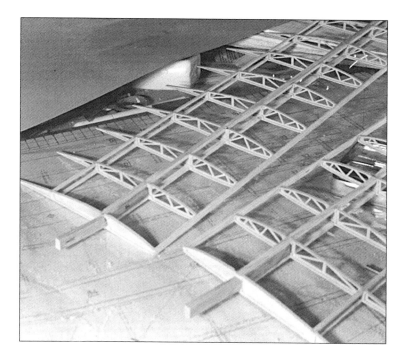

Die Sperrholzzungen zur Verbindung von Außen- und Innenflügel sind eingeleimt.

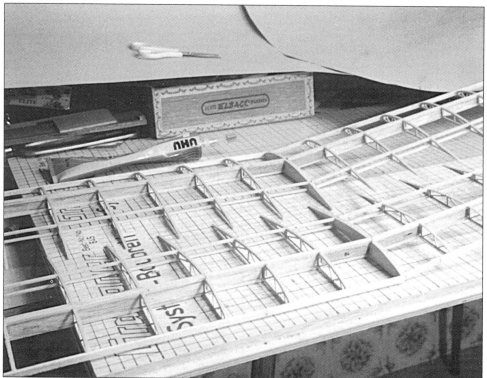

Innen- und Außenflügel sind verleimt.

Die Messingröhrchen mit Halterungen sowie die Klötze für die Befestigungsschrauben sind eingeklebt.

Zur Kontrolle und zum Einkleben der hinteren Führungsröhrchen werden die Flächenhälften provisorisch zusammengefügt. Die Zwischenlagen entsprechen der Dicke der beidseitigen Deckrippen.

Beplankungsbrettchen und Endleistenstreifen sind nach Plan im Block zurechtgeschnitten.

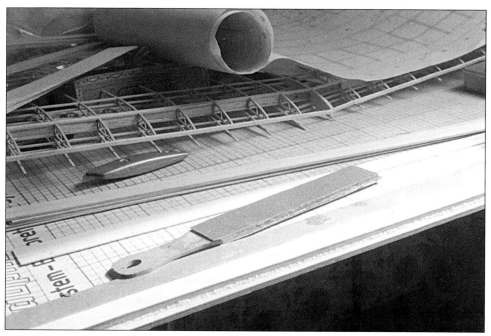
Die Endleistenstreifen werden gegen eine Metallschiene gedrückt und die Hinterkanten entsprechend dem Plan angeschrägt.

Der obere Streifen der Endleiste wird mittels zweier Kieferleisten und Klammern zum Verleimen gepreßt. Nur so wird die Endleiste gerade!

Vor dem Aufziehen der oberen Beplankung werden Rippen, Holme und Hilfsnasenleiste mit Kontaktkleber bestrichen. Die Beplankung wird nur vorne und hinten sowie an den Rippenpositionen bestrichen.

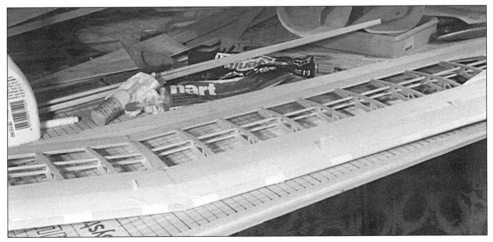

Die Beplankung wird durch Kreppband vor überquellendem Leim geschützt. Die Nasenleiste aus Abachi ist sehr widerstandsfähig, auch gegen Stecknadeln. Daher wird sie mit Kreppband angepreßt.

Vor dem Verleimen der Wurzel-Deckrippe wird die Beplankung mit Kreppband gegen überquellenden Leim geschützt. Die Rippe wird mit Klebeband angepreßt.

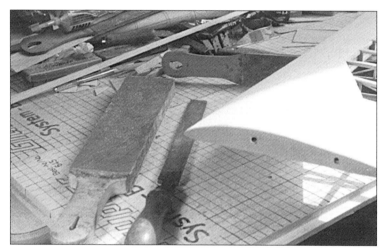

Da die Deckrippe aus hartem Sperrholz besteht, wird sie mit einer Feile dem Profil angepaßt.

Nach dem Festdrücken der oberen Beplankung werden die Rippenaufleimer angeklebt. Nur an wenigen Stellen müssen sie mit Nadeln gesichert werden.

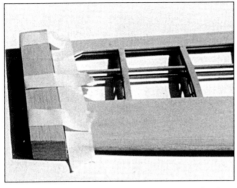
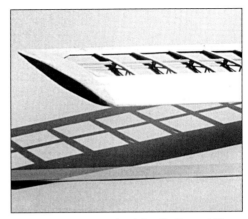

Die Beplankung am Randbogen wird ebenfalls durch Kreppband abgedeckt. Der Endklotz wird mit Stecknadeln beim Verleimen geheftet.

Der Endklotz ist entsprechend dem Profil verschliffen.

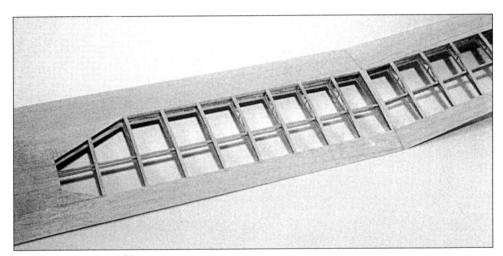

Der Flügel ist fertig verschliffen.

Der Flügel wurde mit dünnem farbigem Papier bespannt. Beim auf dem Rücken liegenden Flügel erkennt man die Schränkung.

Oldtimer Nieuport NI 17C1

Das Vorbild dieses kleinen Doppeldeckers war ein französisches Jagdflugzeug des Jahres 1916. Der Baukasten wurde von der Firma VK in den USA hergestellt und durch Streil in Zürich importiert.

Bei diesem Modell ist wie beim Vorbild der Oberflügel zweiholmig und der Unterflügel einholmig aufgebaut. Der Oberflügel ist zwischen den Holmen diagonal intern verstrebt, um die Verdrehfestigkeit zu erhöhen. Der Unterflügel hat dies nicht. Manche Piloten haben daher längere Sturzflüge nicht überlebt. Auch auf Grund der Pfeilung ist der Holmaufbau des oberen Flügels sehr aufwendig. Verstärkungen für Bohrungen und für Einschlagmuttern müssen angebracht werden.

Im Originalbaukasten waren die Rippen aus Balsa gestanzt. Das Material der Holme, Nasen- und Endleisten sowie die Lamellen der Randbogen war amerikanische Linde (lime wood).

Für den Nachbau wurden für die Holme Kiefer, für die Nasenleiste Abachi und für die Endleiste und die Randbogen Nußbaum gewählt. Die innere Verstrebung, im Baukasten aus Kiefer, wurde aus Bambus gefertigt.

Da das Vorbild mit Stoff bespannt war, wurde für die Bespannung des Modells Seide gewählt.

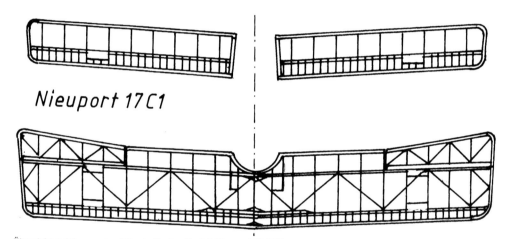

Übersichtszeichnung des Flügels für das Modell Nieuport NI 17C1

Vorrichtung zum Lamellieren der Randbögen. Der Randbogen ist dreidimensional gewölbt. Zum Anpressen werden keine Nägel, sondern Nagelleisten verwendet. Rechts ist die Schutzfolie sichtbar.

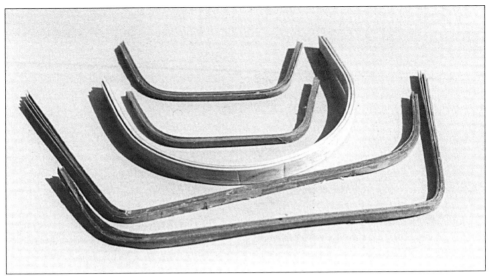

Bogen für den Ausschnitt in Flügelmitte und Randbögen des Oberflügels. Die beiden kleinen Randbögen gehören zum unteren Flügel. Alle sind aus Nußbaumfurnier lamelliert.

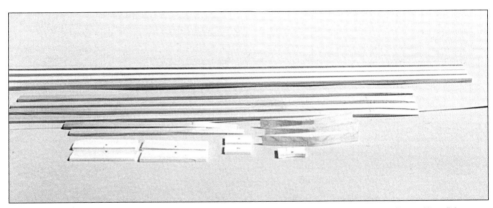

Vorderholm und Hinterholm des gefeilten Oberflügels sind zur Schäftung vorbereitet. Davor liegen Verstärkungen für den Bereich der Bohrungen.

Rippen und Hilfsrippen. Die Rippenunterseite trägt einen Furnierstreifen, daher müssen diese Rippen auf die Holme aufgefädelt werden. Bei der oberen Rippe ist das Ende für das Querruder abgetrennt. Die untere Rippe ist am Ende mit Sperrholz verstärkt und für den Querruder-Torsionsstab gebohrt.

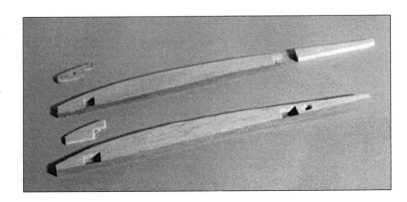

Die Rippen wurden im Block ausgesägt und verschliffen.

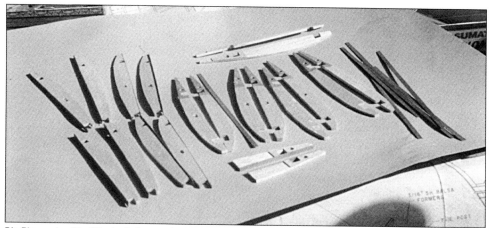

Die Rippen des Oberflügels sind paarweise sortiert und teilweise schon mit Furnierstreifen unterlegt.

Aufbau des Oberflügels: Die Rippen sind auf die Holme gefädelt und verleimt.

Die Bambusstreifen sind diagonal zwischen die Holme geklebt und vermindern so die Torsion des Flügels.

Alle Teile sind fertig: Holme, Rippen, Nasen- und Endleisten sowie die Randbogen der Unterflügel.

Die beiden Unterflügel werden gemeinsam auf dem Plan gebaut. Am linken Flügel sind Randbogen und Hilfsrippen bereits verleimt.

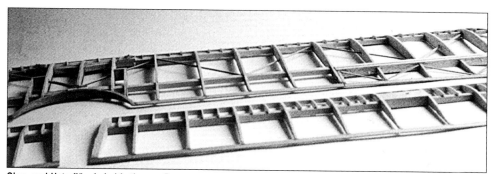

Ober- und Unterflügel sind fertig zum Bespannen.

Der Oberflügel ist bespannt und lackiert. Im Mittelstück sind die herzförmigen Ruderhörner sichtbar, die von unten aus betätigt werden. Torsionsröhrchen führen nach außen zu den Querrudern.

Klassiker
Klemm 25 C VIII

Dieses Semiscale-Motormodell ist der Nachbau eines schwach motorisierten, aber sehr erfolgreichen Sportflugzeuges der dreißiger Jahre. Der Baukasten wird seit Jahrzehnten von KRICK hergestellt.

Statt des einzigen Brettholmes des Baukastens wurden seit dem fünften Nachbau, dem Vorbild näher, zwei Brettholme gewählt. Da jetzt die Beplankung mit dem hinteren Holm abschließt, kann diese beim unvorsichtigen Hantieren nicht so leicht einbrechen. Da sowohl Rippen als auch Holme geschlitzt sind, ist der Rippenabstand und die lotrechte Ausrichtung von Rippen und Holmen gewährleistet. Nur für die Wurzelrippen wurden Schablonen entsprechend der V-Form verwendet. Flügelmittelstück und Außenflügel wurden über dem Plan auf dem Baubrett aufgebaut.

Da das Flügelprofil - CLARK Y - auf der Unterseite eben ist, werden keine Unterlagen benötigt. Tatsächlich war aber das Baubrett verzogen, und die Endleiste mußte untergelegt werden!

Die Holzoberfläche wurde mit dünnem Glasfasergewebe überzogen und die offene Flügelstruktur mit Bügelgewebe bedeckt.

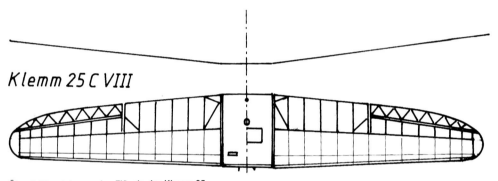

Übersichtszeichnung des Flügels der Klemm 25

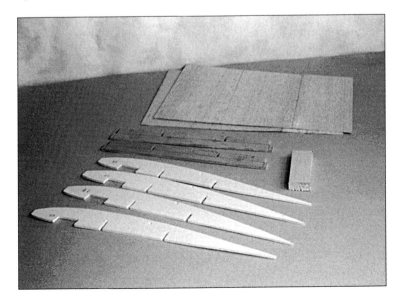

Rippen und Holme sowie die Beplankung des Flügelmittelstückes

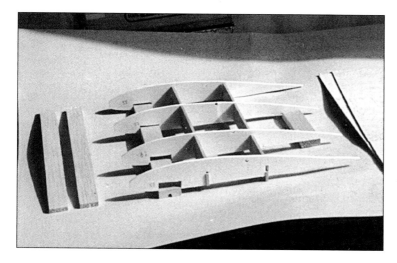

Das Mittelstück ist einschließlich des Fahrwerkträgers zur Kontrolle zusammengesteckt.

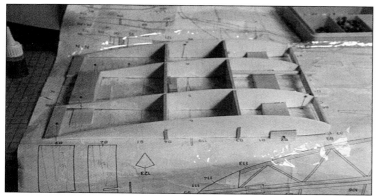

Beim Aufbau des Mittelstückes müssen die Hinterkanten der inneren Rippen unterlegt werden, da hier das Flügelprofil in die untere Rumpfkontur übergeht.

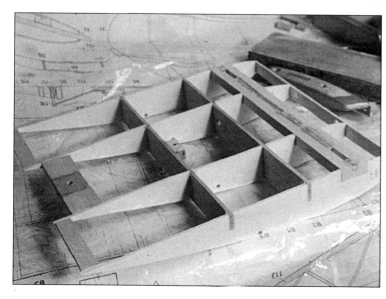

Rippen und Holme, die Hilfsnasenleiste, die Fahrwerksnutleiste und die Fülleiste für die Flächenverschraubung sind verleimt.

Das Mittelstück wird mit der unteren Beplankung verleimt. Die Gewichte sorgen für ein ebenes Aufliegen.

Verleimen der oberen Beplankung. Balsaunterlagen verhindern, daß die Klammern die Beplankung eindrücken.

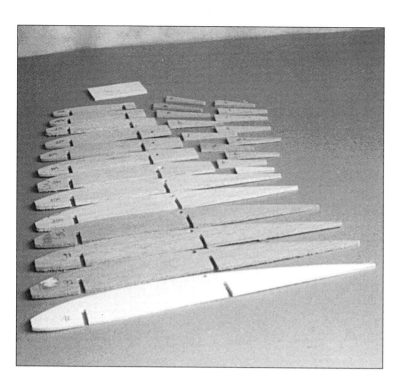

Der Rippensatz des rechten Flügels ist einschließlich der Querruderrippen sortiert. Die Rippen sind für die Holme geschlitzt und für das Querrudergestänge gebohrt.

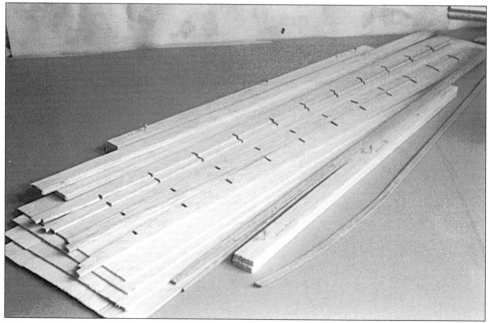

Holme und Beplankung. Die Holme sind für die Rippen eingeschnitten, die Querruderholme bereits für die Scharniere geschlitzt. Die Beplankungsbrettchen sind in der Breite geschäftet. Eine Endleiste aus Nußbaum ist zum Biegen eingesägt, die andere bereits entsprechend der Krümmung verleimt und an der Endkante spitz zugeschliffen.

Querruderholm und Querrudernase werden gemeinsam für die Scharniere geschlitzt. Mit dem Winkel wird das genau senkrechte Schlitzen kontrolliert.

Die geschlitzt Endleiste ist auf dem Plan festgesteckt und verleimt. Auf der unteren Beplankung ist die Lage der Rippen eingezeichnet.

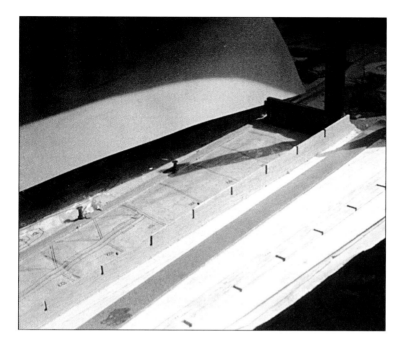

Der Hinterholm wird genau bündig mit der Hinterkante der Beplankung mit Klebeband geheftet und dann exakt senkrecht - Kontrolle mit dem Winkel - verleimt.

Der Hinterholm ist bündig mit der Hinterkante der Beplankung verleimt. Durch Aufstecken einiger Rippen wird die Lage des Vorderholmes markiert. Die Positionen der Rippen sind vorher vom Plan auf die Beplankung übertragen worden.

Holme und Rippen sind auf der Beplankung verleimt. An der Nase wird die Beplankung an den Rippen nacheinander hochgezogen und mit Blitzkleber geheftet.

Die Wurzelrippe ist mittels einer Schablone entsprechend der V-Form nach außen geneigt.

Der linke Flügel ist auf der unteren Beplankung aufgebaut. Ein angeschärftes Messingrohr bohrt mit Hilfe der Rippenbohrungen den Ausschnitt für das Querrudergestänge in den Hinterholm.

Das Kunststoffröhrchen für das Rudergestänge ist vor dem Beplanken der Oberseite eingesetzt.

Die obere Beplankung wird verleimt. Das hintere Ende wird mittels einer Nagelleiste festgesteckt. Zusätzlich wird die Beplankung mit einem Alu-Lineal und Bleigewichten angedrückt.

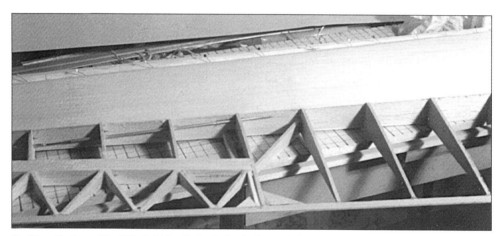

Die Oberseite des rechten Flügels ist bereits beplankt, der Querruderholm beschliffen. Die Nasenleiste ist gerade verleimt.

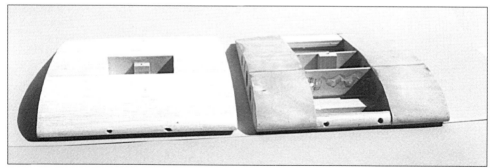

Ein Vergleich: Das fertige Flügelmittelstück (links) ist mit Balsa beplankt. Halb fertig ist das Mittelstück (rechts) mit 0,4 mm starker Sperrholzbeplankung. Diese läßt sich nach Erwärmung mit dem Heißluftfön leicht um die Nase herumziehen.

Innen- und Außenflügel sind zur Kontrolle zusammengesetzt und mit Kreppband gesichert. Die Bohrungen für die Befestigungsdübel sind ausgearbeitet.

Der linke Außenflügel ist fertig verschliffen.

Diese Flügelvorderkante wurde mit dünnem gelbem Papier bespannt, die offene Struktur mit Seide.

Bücker Bü 133 Jungmeister

Dieses Semiscale-Modell ist der Nachbau eines der erfolgreichsten Kunstflugzeuges der späten dreißiger Jahre. Der Baukasten der Firma BALSA USA wird durch Hannelore Bekker, Saarburg importiert.

Beim Modell wird die sehr kritische Verbindung der gepfeilten und mit V-Form versehenen Außenflügel mit den Mittelstücken dadurch hergestellt, daß die Holme der Außenflügel das Mittelstück räumlich durchdringen. Bei diesem - vierten - Nachbau wurden die Flügelteile durch CFK-Röhrchen verbunden. Durch Distanzstreifen haben die Flächenteile wie beim Original einen kleinen Spalt.

Alle Flügelteile werden über dem Plan auf dem Baubrett aufgebaut. Die Pfeilung der Flächen erschwert den Bau, da die Holmausschnitte und die Rippenenden abgeschrägt werden müssen. Dagegen erleichtert die flache Unterseite des Profils den Aufbau. Die ungewöhnlich breite Nasenleiste gibt den Flächen eine hohe Festigkeit und vermindert das Einfallen der Bespannung. Sie erfordert aber sorgfältige Schleifarbeit.

Der Unterflügel erhält Nutleisten für die Aufnahme des Fahrwerks. Er wird mit Steckdübeln und Kunststoffschrauben befestigt. Der Oberflügel wird mit vier dünnen Kunststoffschrauben am Baldachin verschraubt. Für die Befestigung der Flächenstreben werden Kugelbolzen verwendet, die sich im Falle einer heftigen Bodenberührung lösen. Die Querruder des Oberflügels werden mit einer Strebe mit Kugelgelenken vom Unterflügel her bewegt.

Erst nach dem Bespannen mit Bügelfolie werden die Außenflügel auf die Mittelstücke aufgeschoben und mit Kleber fixiert, so daß wie beim Vorbild ein enger Spalt zwischen den Flächenteilen verbleibt. Die Fotos der bespannten Flächen zeigen eine frühere, durchgehend bespannte Version!

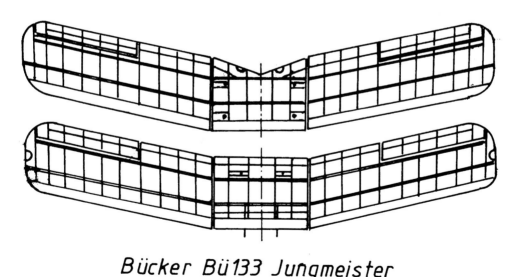

Übersichtszeichnung des Flügels der Bücker Bü 133

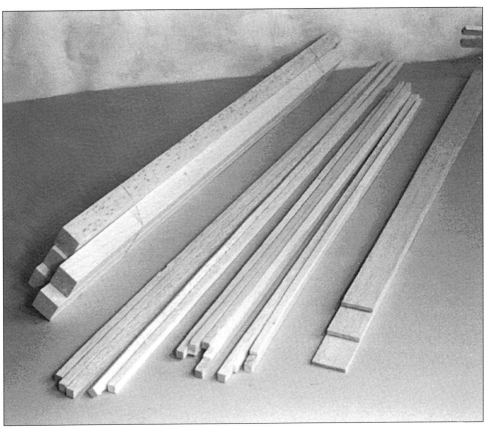

Holme und Leisten sortiert. In der Mitte sind die Hauptholmgurte aus Balsa- und Sperrholzstreifen verleimt.

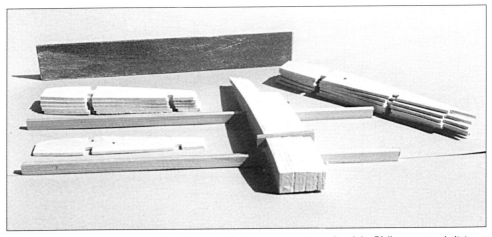

Bei gepfeilten Flächen müssen die Holmschlitze und die Rippennasen entsprechend der Pfeilung ausgearbeitet werden. Hier tut es eine Flachfeile. Zur Kontrolle sind Ober- und Untergurt in das Rippenpaket eingesteckt. Deutlich erkennbar ist die ungleiche Stanzung der Rippen. Bei einem voll bespannten Flügel ist dies aber kein schwerwiegender Fehler.

Querruderholme und Querrudernasen sind jeweils gemeinsam für die Aufnahme der Stiftscharniere gebohrt. Die Randbogen der Unterflügel haben Aussparungen für Handgriffe. Auch manntragende Doppeldecker mußten bei Seitenwind beim Rollen gehalten werden!

Unteres (links) und oberes (rechts) Flügelmittelstück. Die Außenrippen sind entsprechend der V-Form geneigt. Hierzu dienen Winkelschablonen. Der Unterflügel hat die größere V-Form.

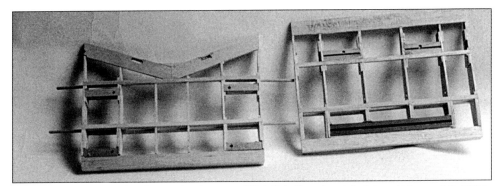

Von unten gesehen: Links das obere, rechts das untere Mittelstück. Man erkennt die Fahrwerkträger und die Klötze für die Flügelbefestigung.

Der linke Oberflügel auf dem Baubrett. Die Dreiecke sind Schablonen zum lotrechten Aufbau der Rippen. Der Randbogen ist für das Aufsetzen des Obergurtes aufgefüttert.

Der Obergurt ist eingeleimt und die Montagewinkel entfernt.

Der rechte untere Flügel vor dem Verschleifen der Nase

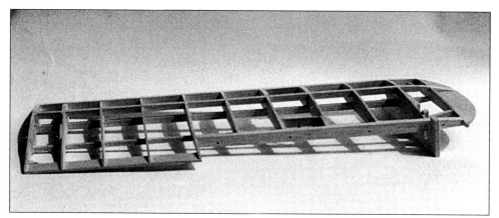

Am rechten Oberflügel ist das Querruder herausgetrennt.

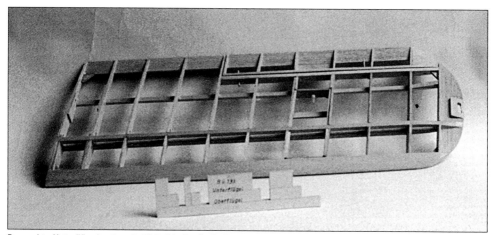

Der rechte Unterflügel unterscheidet sich durch die Aussparung am Randbogen vom Oberflügel. Die Schablone mit den Ausschnitten für Holme, Nasen- und Endleisten dient zum Ausrichten der V-Form.

Obere Mittel- und Außenflügel sind zur Kontrolle mittels Dübel zusammengesteckt. Die Nase des Mittelstücks ist noch nicht verschliffen.

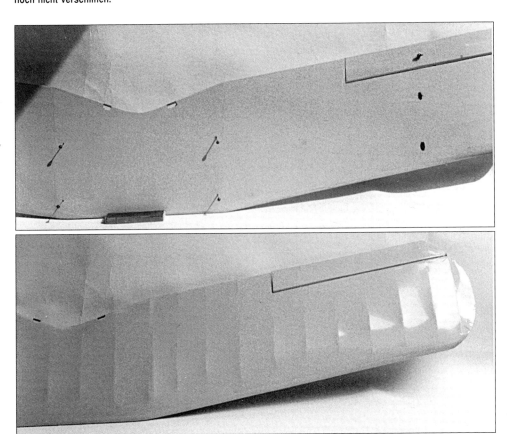

Die Flächen sind mit Folie bespannt. Der Oberflügel ist im Mittelstück hinten ausgespart und hat zwei Griffe, welche dem Piloten beim Einstieg helfen. Die Befestigungsbohrungrn sind durch eingesteckte Polsternadeln gekennzeichnet.

Linker Oberflügel: Die beiden Stiele sind auf die Kugelbolzen aufgesteckt.

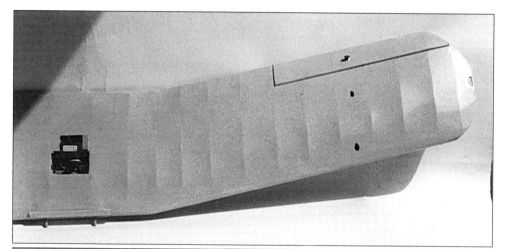

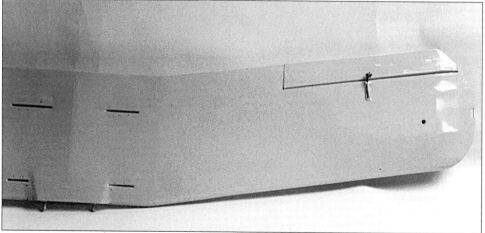

Im Mittelstück des Unterflügels ist die Rudermaschine für die Betätigung der Querruder eingebaut. Der Unterflügel hat Handgriffe am Randbogen. Auch große Doppeldecker brauchen die Hilfe der Bodenmannschaft beim Rollen mit Seitenwind. Deutlich sichtbar sind die Aussparungen für die Befestigung der Stiele und die Querruderhörner.

Experimente und ungewöhnliche Flügel

Haben Sie erfolgreiche, das heißt längere Zeit flugfähige, Modelle gebaut und geflogen und möchten jetzt die Flugleistungen oder die Flugeigenschaften Ihres Modells verbessern? Langweilt es Sie vielleicht, einfach ein „normales" Modell zu steuern? Ihrer Phantasie sind keine Grenzen gesetzt!

Verbesserung der Flugleistungen

Hier können Sie mit mehreren Methoden Versuchsreihen unternehmen:

- Änderung der Einstellwinkel
- Änderung des Schwerpunktes
- zusätzliche Belastung des Modells
- Anbringung von Turbulatoren
- Änderung des Flügelendes - Winglets

Verbesserung der Flugeigenschaften

Hierfür bieten sich folgende Maßnahmen an:

- Änderung der Ruderausschläge
- Verlegung des Schwerpunktes

Neuartige Flügelformen

Hier gibt es für Ihren Einfallsreichtum keine Grenzen:

- negative V-Form
- Vorwärtspfeilung
- Sichelflügel
- Ringflügel

Ein Turbulatorstreifen oder eine käufliche Zackenfolie verbessern bei geringer Flügeltiefe und bei geringer Fluggeschwindigkeit die Flugleistung.

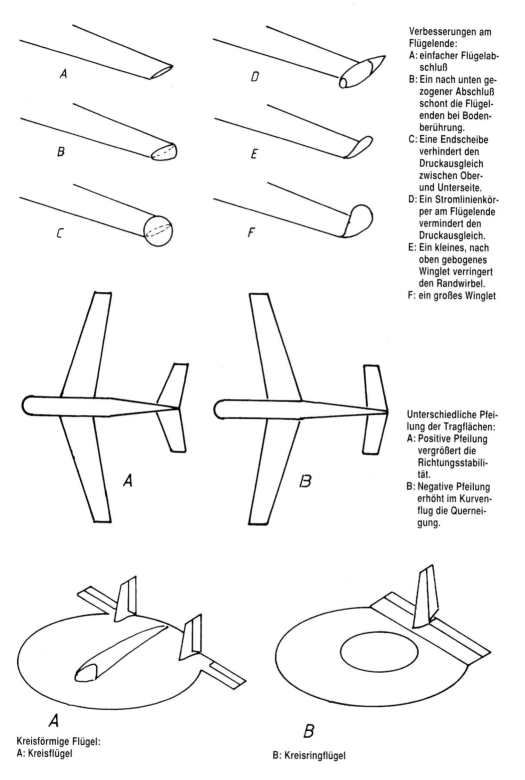

Verbesserungen am Flügelende:
A: einfacher Flügelabschluß
B: Ein nach unten gezogener Abschluß schont die Flügelenden bei Bodenberührung.
C: Eine Endscheibe verhindert den Druckausgleich zwischen Ober- und Unterseite.
D: Ein Stromlinienkörper am Flügelende vermindert den Druckausgleich.
E: Ein kleines, nach oben gebogenes Winglet verringert den Randwirbel.
F: ein großes Winglet

Unterschiedliche Pfeilung der Tragflächen:
A: Positive Pfeilung vergrößert die Richtungsstabilität.
B: Negative Pfeilung erhöht im Kurvenflug die Querneigung.

Kreisförmige Flügel:
A: Kreisflügel
B: Kreisringflügel

Änderung der Konfiguration

Zu nennen sind:

- Entenmodell
- Tandemmodell
- Doppel- und Mehrdecker
- schwanzlose Modelle
- Nurflügelmodelle

Der Autor kann Sie nur zu eigenen Ideen anregen. Wenn Sie Fachzeitschriften aufmerksam lesen und besonders auf außergewöhnliche Treffen und Wettbewerbe achten, werden Sie sicher auf gleichgesinnte Modellflieger treffen und von deren Ideen und Erfahrungen lernen.

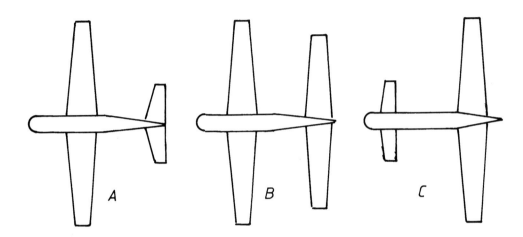

Änderung der Konfiguration:
A: Normales Modell mit nicht tragendem oder mit tragendem Höhenleitwerk.
B: Beim Tandemmodell ist die hintere Fläche fast so groß wie die vordere. Sie muß aber entweder einen geringeren Einstellwinkel oder ein weniger tragendes Profil haben.
C: Die vordere Fläche ist beim Entenmodell zu einem tragenden Leitwerk verkleinert.

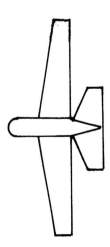

Beim Kurzschwanzmodell ist der Rumpf stark verkürzt, das Höhenleitwerk sitzt an oder über der Flügelhinterkante.

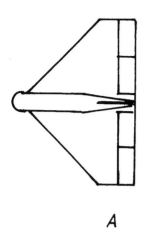 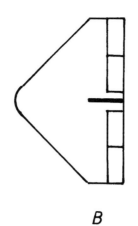 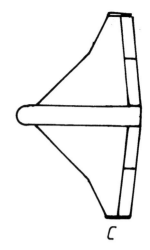

Deltaflügel:
A: Delta mit Rumpf
B: Delta ohne Rumpf
C: doppelt gepfeiltes Delta mit Rumpf

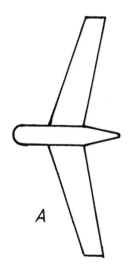  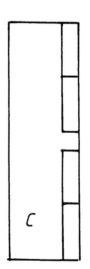

Modelle ohne Höhenleitwerk:
A: Beim schwanzlosen Modell wird die Fläche zur Erhöhung der Stabilität gepfeilt.
B: Auch bei diesem Nurflügel ist die Fälche gepfeilt.
C: Nurflügel mit druckpunktfestem Profil, ungepfeilt.

Arbeitsplanung und Checklisten

Wenn Sie Modelle nur bauen möchten, können Sie jederzeit oder nach den einzelnen Bauabschnitten überlegen, ob Sie weiterbauen möchten, ob Sie das bisherige Ergebnis im Kamin verheizen wollen oder ob Sie den Weiterbau einfach einstellen.

Wenn Sie dagegen Modellflugzeuge fliegen wollen, müssen Sie möglichst zügig und rationell arbeiten. Schließlich muß aus Ihrer Anstrengung in absehbarer Zeit ein flugfähiges Objekt entstehen.

Aus diesem Grunde müssen Sie folgendes beachten:

– Sie benötigen die richtigen Werkzeuge.
– Sie müssen das benötigte Material, also Rohstoffe und Fertigteile, bereit haben.
– Sie müssen die Arbeitsschritte in der richtigen Reihenfolge ausführen.
– Ständige Kontrollen kosten nur scheinbar mehr Zeit
– Allgemein gilt: Verstand geht vor Begeisterung!

In den folgenden Seiten soll der Leser dazu motiviert werden, Werkstoffe, Werkzeuge und Hilfsmittels möglichst effektiv einzusetzen.

Einkaufszettel

Kauf eines Modellbaukastens

Allgemeines
– War der Kasten schon mehrfach „besichtigt" worden? In diesem Falle Vollständigkeit überprüfen!
– Haben Bauplan und Bauanleitung bei importierten Bausätzen eine deutsche Übersetzung? Verstehen Sie diese auch wirklich?
– Passen die vorhandenen Rudermaschinen in das Modell?

Holzqualität
– Verzogene Balsa- oder Sperrholzbrettchen?
– Krumme Balsa- oder Kiefernholzleisten?
– Sperrholzrippen in Gemüsekistenqualität?

Beigepackte Kleinteile
– Schrauben, Schubstangen und Gabelköpfe mit metrischem Gewinde?

Was benötigen Sie zusätzlich?
– z.B. Klebstoffe, Bespannmaterial
Beachten Sie bei amerikanischen Baukästen die Beipackzettel! Auf diesen werden Fehler im Plan und fehlende Teile aufgeführt.

Sollten Sie trotz einiger festgestellter Mängel den Bausatz unbedingt kaufen wollen, so scheuen Sie sich nicht, die bemängelten Teile zusätzlich zu erwerben. Sie ersparen sich damit unnötige Wartezeiten und Fahrtkosten. Beim Versandhandel haben Sie diese Möglichkeit natürlich nicht. So unvorsichtig dürfen Sie nur sein, wenn Sie einen reichlichen Vorrat von Holz und Kleinteilen angesammelt haben.

Eine besondere Tücke sind übersetzte Bauanleitungen, meistens ist ja der Übersetzer kein Modellbauer. Seien Sie auf der Hut, wenn Sie auf dem Bauplan Reste japanischer Schriftzeichen entdecken! Auch bei amerikanischen oder tschechischen Baukästen kann die Bezeichnung der Werkstoffe etwas verwirren: Werkstoffbezeichnungen sind aus dem Lexikon falsch herausgesucht, ausländische Holzarten falsch interpretiert, hier unbekannte Hilfsstoffe aufgeführt.

Wenn Sie ein erfahrener Modellbauer sind, werden Sie keine Schwierigkeiten haben. Zu Beginn Ihrer Karriere sollten Sie jedoch solche Modellbaukästen zurückstellen oder einen erfahrenen Kollegen zu Rate ziehen.

Bau eines Modells nach Plan

Hier liegt die gesamte Planung bei Ihnen, und Sie sollten sich die Zeit nehmen, eine genaue und vollständige Einkaufsliste zu erstellen.

Beginnen Sie bei den Holzteilen

– Ermitteln Sie den Bedarf an Balsaholz unterschiedlicher Stärken für Rippen und Beplankungen.
– Prüfen Sie, ob es vorteilhafter ist, fertige Balsaleisten zu kaufen oder diese aus Brettchen auszuschneiden.
– Prüfen Sie die Qualität der Brettchen und Leisten: Weich oder hart, Fehlstellen im Holz, Verzüge.
– Welche Arten und Stärken von Sperrholz werden benötigt?
– Planen Sie rechtzeitig den Kauf von Ruderscharnieren, Gabelköpfen, Schrauben und vieler anderer Teile ein! Wenn einige dieser Teile beim Bau fehlen sollten, könnten Sie vielleicht die Lust am Weiterbau verlieren. Schade darum!

Arbeitsplanung Flügelaufbau

Baubrett

– auf Verzug und Verbiegung prüfen
– Leimreste und Unebenheiten entfernen
– bei Flügeln großer Spannweite Unterlagen gegen Verbiegen anbringen
– Stecknadeln bereitlegen
– Plan auflegen und mit Folie abdecken
– untere Holme auflegen und feststecken
– falls das Entfernen der Nadeln schwierig ist, Nadelköpfe abkneifen
– Hilfsleisten für die Endleisten genau anpassen und fixieren
– Montagewinkel für die Rippen auf dem Plan feststecken
– für die Wurzelrippe Montagewinkel mit der korrekten V-Form feststecken

Montage

– Rippen auf untere Holme aufstecken und an Montagewinkel feststecken
– Rippen mit Blitzkleber heften, oder Rippenausschnitte mit Klebstoff bestreichen und auf den Holm aufdrücken
– Rippenausschnitte für die oberen Holme mit Klebstoff bestreichen
– oberen Holm in Rippenausschnitte eindrükken und mit Nadeln heften
– Endleiste auf Hilfsleiste feststecken
– Endleiste an den Rippenenden mit Hartkleber befestigen
– Nasenleiste anlegen
– Rippenvorderkanten mit Klebstoff bestreichen
– Nasenleiste an Rippen mit Nadeln befestigen
– Spalte zwischen Nasenleiste und Rippe mit Balsastreifen auffüllen

Fertigstellen

– Sollten die Rippen über Holme, Nasen- und Endleiste überstehen, müssen diese durch Holzstreifen aufgefüttert werden!

- Spalte zwischen den Rippen und der Nasen- und Endleiste müssen durch passende Holzkeile aufgefüllt werden
- Oberseite verschleifen. Vorher Stahlband mit Magneten befestigen, um Beschädigung der Rippen zu verhindern.
- Flügel vom Baubrett abziehen
- Stecknadeln entfernen, oder abgekniffenen Nadeln nach unten herausziehen
- Unterseite verschleifen. Vorher Stahlband mit Magneten befestigen, um Beschädigung der Rippen zu verhindern.
- Klebestellen kontrollieren
- alle Klebestellen mit Hartkleber nachkleben
- Flügel vorsichtig biegen und verdrehen, um Risse und Leimfehler zu entdecken
- Fehlstellen nachkleben

Flügel mit „Ohren" oder V-Form
- Flügelhelling sorgfältig aufbauen
- vorgefertigte Flügelteile entsprechend der V-Form anpassen
- Flügelteile aufspannen
- Flügelteile festheften
- Verstärkungslaschen anpassen
- Verstärkungen einkleben

Fehler und deren Ursachen

Flügel gebogen
- Baubrett hing mangels Unterstützung durch
- Baubrett verzogen

Flügel verzogen
- Baubrett verzogen
- Holme oder Nasen- oder Endleiste verzogen, aber denoch eingeleimt

Wurzelrippe paßt nicht an Rumpfkontur
- mangelhafte Schablone für V-Form
- Wurzelrippe krumm
- Wurzelrippe nicht genau auf dem Plan ausgerichtet

Flügelrohbau läßt sich nicht vom Baubrett entfernen
- Stecknadelköpfe nicht abgekniffen
- Holme infolge von Schnitten in der Abdeckfolie und im Plan am baubrett festgeklebt

Arbeitsplanung Beplankung

Beplankung
- Brettchen auf Stärke, Härte und Faserverlauf aussuchen
- Brettchen nach Breite und Länge schäften
- vor dem Verleimen Kanten mit Klebefilm abdecken, um überquellenden Leim zu vermeiden
- Brettchen mit Klebefilm einseitig fixieren
- entweder Brettchen umklappen und Hartkleber in die Fuge drücken, danach Brettchen zurückklappen, überschüssigen Kleber abstreifen und mit Klebefilm überdecken
- oder Brettchen flach legen und Blitzkleber über die Fuge tropfen
- nach dem Abbinden Klebefilme entfernen
- Leimfugen verschleifen
- etwaige Spalte mit Kleber oder Spachtel ausfüllen und verschleifen
- Flügel mit Folie abdecken
- Beplankung auf der Außenseite mit Wasser benetzen und auf den Flügel auflegen
- Beplankung mit Nadeln, Klebeband, Gewichten der Flügelwölbung anpassen
- bis zum Trocknen warten
- Beplankung auf den Flügel auflegen und die Begrenzung an Nasen- und Endleiste anzeichnen
- mit etwa 10 mm Übermaß abschneiden
- auf der Beplankung innen die Lage von Rippen, Holmen, Nasen- und Endleisten anzeichnen
- Nagelleisten herstellen und Nadeln bereitlegen

- Prüfen, daß der Flügelrohbau absolut fest auf dem Baubrett sitzt!
- Prüfen, daß der Flügel nach dem Beplanken auch vom Baubrett entfernt werden kann!

Aufbringen der Beplankung mittels Kontaktkleber

- Beplankung auflegen, Lage kontrollieren und mittels zweier Nadeln auf dem Holm fixieren
- Nadelköpfe abkneifen, Nadeln auf der Beplankung mit Farbstift anzeichnen
- Beplankung nur an den angezeichneten Positionen von Rippen, Holmen, Nasen- und Endleiste mit Kontaktkleber bestreichen
- Flügelrohbau: Rippen, Holme, Nasen- und Endleiste mit Kontaktkleber bestreichen
- Lösungsmittel etwa 10 Minuten ablüften lassen
- Flügelrohbau vor und hinter dem Holm mit Folie, Butterbrotpapier oder Backofenpapier abdecken
- Beplankung sorgfältig mit den beiden abgekniffenen Nadeln ausrichten und auflegen
- Beplankung mittels eines Balsaklotzes auf dem Holm festdrücken
- vordere Schutzfolie herausziehen und die Beplankung schrittweise auf Rippen und Nasenleiste pressen. Dabei darauf achten, daß sich der Flügel nicht vom Baubrett löst.
- hintere Schutzfolie herausziehen und die Beplankung schrittweise auf Rippen und Endleiste pressen. Auch hier darf sich der Flügel nicht vom Baubrett lösen.
  Die Flügelunterseite wird in der gleichen Weise beplankt. Auch hier muß verhindert werden, daß sich der jetzt noch nicht drehsteife Flügel verzieht.

Aufbringen der Beplankung mit Weißleim

- Beplankung auflegen, Lage kontrollieren und mittels zweier Nadeln auf dem Holm fixieren
- Nadelköpfe abkneifen, Nadeln auf der Beplankung mit Farbstift anzeichnen
- Flügelrohbau: Rippen und Holme mit Weißleim bestreichen
- Beplankung sorgfältig mit den beiden abgekniffenen Nadeln ausrichten und auflegen
- Nagelleiste auf der Beplankung über dem Holm auflegen und mit Nadeln anpressen
- weitere Nagelleisten zwischen Holm und Nasenleiste auflegen und mit Nadeln anpressen
- darauf achten, daß sich der Flügel nicht vom Baubrett löst
- Nagelleiste über die Nasenleiste legen und mit Nadeln anpressen
- durch Tasten prüfen, ob die Beplankung überall auf den Rippen aufliegt
- falls auch die Hinterseite des Flügels beplankt wird, hervortretenden Leim am Ende der Beplankung auf dem Holm sorgfältig und vollständig entfernen
  Bei dem Auflegen der hinteren Beplankung sind auf Grund der geringeren Wölbung Nagelleisten meistens nur am Holm und auf der Endleiste notwendig.

Fehler und deren Ursachen

Flügel verbogen
- Baubrett hing mangels Unterstützung durch
- Baubrett verzogen
- Flügel löste sich vom Baubrett

Flügel verzogen
- Baubrett verzogen
- Flügel löste sich vom Baubrett

Flügeloberfläche wellig
- Beplankung nicht genügend vorgeformt
- Nagelleisten nicht verwendet
- Nagelleisten nicht sorgfältig angepreßt

Stufen auf der Beplankung
- Holm, Nasen- und/oder Endleiste nicht entsprechend der Rippenkontur verschliffen oder aufgefüllt

Arbeitsplanung Verkastung

Vorbereitung

Die Verkastung wird zweckmäßig nach dem Beplanken der Flügelober- oder der Unterseite angebracht. Am besten ist es, wenn die Beplankung um die Dicke der Verkastungsbrettchen über den Holm nach hinten herausragt, weil dann weder das Hirnholz der Verkastung noch herausquellender Leim die Bespannung oder den Folienüberzug verunstalten können.

Obenliegenden Holmgurt mit Klebefilm abdecken, damit überquellender Leim nicht auf dem Holm haftet.

Verkastung der Flügelwurzel

Da die Wurzel- oder die Mittelrippe in der Regel nicht senkrecht zum Holm steht, muß das Plättchen - meistens Sperrholz - sorgfältig eingepaßt werden. Es darf auf keinen Fall über den Holmgurt hinausragen!

Sperrholzplättchen ausschneiden und einpassen.

Übrige Verkastung
– Brettchen nach Stärke, Härte und Faserverlauf aussuchen
– Brettchen der Breite nach auf Rippenabstand (Faser senkrecht) schneiden
– falls Rippenabstand nicht gleichmäßig, auf größten Rippenabstand zurechtschneiden
– Brettchen zwischen die Rippen einstecken
– falls notwendig, Seiten nachschneiden
– beachten, ob Brettchen auf unterer Beplankung vollständig aufliegt
– mit scharfem Messer entlang des oberen Holmgurtes Brettchen anritzen
– Brettchen herausnehmen und Plättchen abschneiden
– nochmals Passung kontrollieren, gegebenenfalls nacharbeiten
– Plättchen kennzeichnen - Pfeil nach oben anzeichnen - und am besten auf Nasenleiste feststecken
– für die weiteren Verkastungen alles wiederholen
– Baubrett mit Schutzfolie abdecken
– Flügel auf dem Baubrett feststecken oder Befestigung kontrollieren
– Stecknadeln bereitlegen
– Kiefernleiste anschärfen und Rollenpapier zum Abstreifen überschüssigen Leims bereitlegen
– nacheinander Hinterkanten der Holme sparsam mit Leim bestreichen, Plättchen einsetzen und mit Nadeln fixieren
– überquellenden Leim abstreifen
– Verkastung überprüfen
– falls kein Leim übergequollen ist, mit Hartkleber nachleimen
– übergequollenen Leim auf der Oberseite sofort entfernen

Fehler und deren Ursachen

Verkastung liegt nicht in der Mitte oder an den Rippen am Holm an
– Plättchen zu breit
– Plättchen nicht sorgfältig festgesteckt
– Verleimung mangelhaft

Verkastung steht oben über
– Plättchen nicht sorgfältig eingepaßt
– Plättchen nicht sorgfältig festgesteckt
– Plättchen zu hoch abgeschnitten
– Plättchen verkehrt herum eingesetzt

Verkastung liegt unten nicht auf der Beplankung auf
– Plättchen nicht sorgfältig eingepaßt
– Plättchen verkehrt herum eingesetzt

Spalt zwischen Rippe und Verkastung
– Plättchen nicht sorgfältig eingepaßt
– Plättchen verkehrt herum eingesetzt

Arbeitsplanung Rippenaufleimer

Vorbereitung
- Brettchen nach Stärke, Härte und Faserverlauf aussuchen
- Balsastreifen entsprechend der Breite der Aufleimer, am besten mit dem Leistenschneider, ausschneiden

Einpassen der Streifen
- Streifen auf die Rippe auflegen, genau entlang der Rippe ausrichten und mit einem scharfen Messer die Schnittstelle an der vorderen Beplankung oder an der Nasenleiste anritzen
- Leiste abschneiden
- Leiste wieder anlegen, ausrichten und Schnittstelle an der Hinterkante anritzen
- Leiste abschneiden, anlegen und prüfen
- falls die Leiste genau oder nur ein wenig stramm paßt, diese entsprechend der richtigen Lage zwischen den Rippen auf der Nasenleiste feststecken
- falls die Leiste zu kurz geschnitten wurde, kann diese für andere, kürzere Positionen verwendet werden

Einkleben der Streifen
- Stecknadeln bereit legen
- Rippe mit Hartkleber bestreichen
- Streifen auflegen und anpressen
- prüfen, ob die Streifen waagerecht und nicht verkantet liegen
- falls der Streifen nicht von selbst hält oder in der Mitte der Rippe absteht, mit Stecknadeln heften
- Fugen an der Nasenleiste, der Beplankung und/oder der Endleiste mit Hart- oder Blitzkleber nachleimen
- Kehlen zwischen Rippen und Aufleimern mit Hartkleber nachleimen

Fehler und deren Ursachen

Spalte zwischen Aufleimern, Nasen- und Endleiste oder Beplankung
- Streifen nicht sorgfältig eingepaßt
- Streifen verwechselt

Aufleimer liegt nicht auf Rippenmitte auf oder steht an der Beplankung über
- Streifen nicht sorgfältig eingepaßt
- Streifen nicht festgesteckt
- ungenügende Verleimung

Aufleimer schräg verkantet
- Streifen nicht sorgfältig ausgerichtet

Arbeitsplanung Flügelbefestigung

Befestigung mit Gummiringen
- bei Schulterdeckern Fläche auf den Rumpf auflegen
- bei Tiefdeckern Rumpf auf den Rücken legen und Fläche auflegen
- Lage und Winkligkeit sowie waagerechte Ausrichtung kontrollieren
- Einstellwinkel prüfen
- Fläche mittels Nadeln, Klebeband und/oder Schraubzwinge befestigen und nochmals kontrollieren
- kleine Anschlagleisten vor der Flügelnase oder hinter der Flügelendleiste am Rumpf festkleben
- Dübellöcher waagerecht unter Nase und Hinterkante durch den Rumpf rechtwinklig zur Rumpfmitte bohren und Dübel einsetzen

Fehler und deren Ursachen

Erratisches Flugverhalten
- Gummiringe zu locker
- Flügel hat sich nach vorne oder nach hinten verschoben

- Flügel hat sich verdreht
- Flügelnase hebt sich bei hoher Fluggeschwindigkeit

Verschraubte Flächen
- bei Schulterdeckern Fläche auf den Rumpf auflegen
- bei Tiefdeckern Rumpf auf den Rücken legen und Fläche auflegen
- Lage und Winkligkeit sowie waagerechte Ausrichtung kontrollieren
- Einstellwinkel prüfen
- Fläche mittels Nadeln, Klebeband und/oder Schraubzwinge befestgen und nochmals kontrollieren
- Markierungen an Flügel und Rumpf auf dort angebrachten Klebestreifen anbringen
- Fläche abnehmen
- Körnereinsätze in die Dübelbohrungen des Flügels einsetzen
- Flügel wieder aufsetzen
- Flügel sorgfaltig nach Markierungen ausrichten
- Flügel kraftig nach vorne gegen Rumpfspant drücken
- Flügel abnehmen
- Dübel einsetzen
- im Rumpfspant Dübellöcher nach Körnermarkierungen bohren
- Flügel aufsetzen
- falls erforderlich Dübellöcher im Spant nacharbeiten
- Flügel sorgfältig ausrichten
- Fläche mittels Nadeln, Klebeband und/oder Schraubzwinge befestigen und nochmals kontrollieren
- Bohrungen fur die Schrauben durch Flügel und Rumpfaufnahme bohren
- nach dem Verschrauben noch einmal kontrollieren
- eventuell nacharbeiten

Fehler und deren Ursachen

Fläche sitzt nicht waagerecht
- Flügelsattel nicht sorgfältig ausgearbeitet
- eines der Dübellöcher nicht nachgearbeitet

Fläche sitzt schief
- Flügel während des Bohrens der Schraubenlöcher verrutscht
- Bohrungen haben unterschiedliche Winkel

Einstellwinkel stimmt nicht
- Flügelsattel nicht sorgfältig ausgearbeitet
- Dübellöcher nicht nachgearbeitet
- Flügel während des Bohrens der Schraubenlöcher verrutscht

Flügel mit Flachstahlbefestigung
- Tiefe des Zungenkastens kontrollieren
- Länge des herausragenden Flachstahls genau abmessen
- herausragendes Ende mit Klebeband markieren und abdecken
- Zunge in Flügelkasten stecken und herausragende Länge nochmals kontrollieren
- Flügelwurzel und Wurzelrippe mit Kreppband vor uberquellendem Harz schützen
- einen rechten Winkel und eine Abstandsschablone aus Holz befestigen
- Flügel senkrecht stellen und gegen Umfallen sichern
- Zunge nur am herausragenden Ende anfassen
- das einzuharzende Ende der Zunge sorgfältig mit Schmirgelleinen metallisch blank schleifen
- Zunge an sauberem Platz nahe dem Flügel ablegen
- langsam abbindendes Epoxidharz anrühren
- Papiertücher griffbereit legen
- Harz in den Zungenkasten einsickern lassen
- durch Rühren mit einem Draht nachhelfen
- mit Heißluftgebläse vorsichtig dünnflüssiger machen
- Zunge mit Harz einstreichen und langsam in den Zungenkasten einführen
- Zunge nach Winkel und Abstandslehre ausrichten und mit Klebeband befestigen
- kontrollieren, daß die Zunge mittig im Zungenkasten steckt

- eventuell mit Heißluftgebläse Zunge erwärmen
- warten

Fehler und deren Ursachen

Eine oder beide Flächen sind an der Nase versetzt
- Flachstahl nicht mittig im Zungenkasten
- Zungenkasten fehlerhaft, ohne Berücksichtigung der Wandstärken der Vierkantaufnahmerohre im Rumpf gebaut
- rechte und linke Zungenkästen verwechselt

Wurzelrippe liegt vorne oder hinten nicht an
- Flachstahl nicht rechtwinklig zur Wurzelrippe eingeharzt
- Zungenkasten fehlerhaft gebaut
- Wurzelrippe nicht richtig eingebaut

Wurzelrippe liegt oben oder unten nicht an
- Flachstahl nicht parallel zur Flügeloberseite eingeharzt
- Zungenkasten fehlerhaft gebaut
- Wurzelrippe nicht richtig eingebaut

Wurzelrippe sitzt oben zu tief oder steht oben über
- Flachstahl nicht mittig im Zungenkasten
- Zungenkasten fehlerhaft gebaut

Einstellwinkel des Flügels falsch
- Flachstahl verdreht im Zungenkasten eingeharzt
- Zungenkasten fehlerhaft gebaut
- hinterer Stahldraht an der Wurzel falsch eingesetzt
- Bohrung für den Stahldraht im Rumpf falsch angebracht

Arbeitsplanung Ruder, Klappen, Fahrwerke

Ruderanlenkung
- vor dem Heraustrennen der Ruder Flügel auf Verzug kontrollieren
- Flügel- und Ruderholme schlitzen oder bohren
- Ruderhörner einpassen und einsetzen
- Ruder abtrennen
- Scharniere einsetzen und Ruder auf stufenlosen Übergang kontrollieren; eventuell nacharbeiten
- Ruder bewegen und prüfen, ob leichtgängig und ob Ruder in Neutrallage verbleiben
- prüfen, ob die Ruder seitlich frei bleiben, anderenfalls nacharbeiten
- Rudernase und Ruderspalt überprüfen; eventuell nacharbeiten

Klappenanlenkung
- vor dem Heraustrennen der Klappen Flügel auf Verzug kontrollieren
- Flügel- und Klappenholme schlitzen oder bohren
- Ruderhörner einpassen und einsetzen
- Klappen abtrennen
- Scharniere einsetzen und Klappen auf stufenlosen Übergang kontrollieren; eventuell nacharbeiten
- Klappen bewegen und prüfen, ob leichtgängig und ob Klappen in Neutrallage verbleiben
- prüfen, ob Klappen seitlich frei bleiben; eventuell nacharbeiten
- Klappennase und Klappenspalt überprüfen; eventuell nacharbeiten

Einbau der Rudermaschinen
- falls kein programmierbarer Sender vorhanden ist, Einbaurichtung der Rudermaschinen festlegen
- Rudermaschinen so einbauen, daß sie unbeweglich festsitzen, bei Beschädigung aber

leicht ausgetauscht werden können
- bei Kabelverlängerungen Platz für Steckverbindungen vorsehen
- falls mehrere Rudermaschinen erforderlich sind, Kabelstecker permanent kennzeichnen oder an einen gemeinsamen Stecker zusammenführen

Einbau der Umlenkhebel
- Lage der Umlenkhebel so festlegen, daß eine minimale seitliche Gestängeauslenkung auftritt
- Umlenkhebel so befestigen, daß dieser sich auch bei starker Beanspruchung nicht löst
- zur Sicherheit Wartungsöffnungen mit Deckeln einplanen

Rudergestänge
- bei Schubstangen aus Holz, GFK oder CFK auf ausreichende Durchlässe in den Rippen achten
- bei Stahldrähten in Kunststoffröhrchen beachten, daß die Enden der Röhrchen sich seitlich frei bewegen können. In den jeweils vorherigen Rippen müssen die Röhrchen unbedingt fest verankert sein.
- bei Bowdenzügen müssen die Enden der Röhrchen fest verankert sein
- Biegeradien sollen möglichst groß sein
- die Kunststoff- oder Drahtseele darf im Röhrchen kaum Spiel haben. Sie darf aber auch nicht klemmen.

Gabel- und Kugelköpfe
- Gestänge so verlegen, daß Gabelköpfe nur nach den Seiten, nicht aber nach oben oder unten auslenken
- Gabelköpfe mit Kontermutter oder Klebelack sichern
- abgebogene Gewinde vermeiden oder austauschen
- bei Verbindungen, die voll beweglich sein müssen oder die sich bei Überbeanspruchung lösen sollen, Kugelbolzen verwenden
- Gabelköpfe, die auf Kugelbolzen gesteckt werden, mit Kunststoffmuffen sichern

Starre Fahrwerke
- Nutleisten nacharbeiten, so daß der Fahrwerksdraht leicht ein- und ausgebaut werden kann
- Nutleisten sicher auf verstärkter Rippe verleimen
- Enden der Nutleisten verschließen, um Eindringen von Schmutz in das Flügelinnere zu vermeiden

Einziehfahrwerke
- Fahrwerkträger derart einpassen, daß die eingezogenen Räder vollständig im Flügel verschwinden
- Radschächte so groß vorsehen, daß auch ein leicht verbogenes Fahrwerk sicher ein- und ausfahren kann
- Radschächte abdichten, damit kein Schmutz ins Flügelinnere gelangen kann
- Kanäle oder Leerrohre für Kabel oder Luftschläuche vorsehen
- mechanische Gestänge möglichst ohne Knicke verlegen
- Gabelköpfe müssen nach dem Einbau zum genauen Justieren zugänglich sein

Fehler und deren Ursachen

Ruder und Klappen haben keine eindeutige Neutralstellung
- Scharniere nicht auf gleicher Höhe
- Scharniere nicht senkrecht zur Ruderkante
- Ruder oder Klappen klemmen seitlich
- Rudermaschine nicht fest gelagert
- Rudergestänge klemmt
- Bowdenzug-Außenrohr an den Enden nicht befestigt
- Ruder- oder Klappennase streift Tragflächenholm

Asymmetrischer Ruder- oder Klappenausschlag
- Ruderhörner unterschiedlich im Abstand und/oder in der Neigung eingesetzt
- Ruder- oder Klappenscharniere unterschiedlich hoch eingesetzt

- unterschiedliche Neutralstellungen der Rudermaschinen oder der Rudermaschinenhebel
- Rudergestänge klemmt
- Ruder- oder Klappennase streift Tragflächenholm

Unvorhergesehenes Flugverhalten
- Rudermaschine hat sich aus der Befestigung gelöst
- Umlenkhebel hat sich aus der Befestigung gelöst
- Bowdenzughülle hat sich gelockert
- Ruderhorn hat sich gelockert
- Ruderscharniere sitzen lose
- Stecker der Rudermaschine gelöst
- ein Zahn des Abtriebszahnrades ist herausgebrochen
- Gabelkopf hakt an einer Rippe fest

Einziehfahrwerk klemmt
- Fahrwerkdraht verbogen
- Gras und Schmutz im Radschacht
- mechanisches Gestänge klemmt
- Gabelkopf an einer Rippe verfangen
- undichter Luftschlauch oder Schlauchverbinder

Arbeitsplanung Bespannung

Papierbespannung
- Rohbau verschleifen
- Porenfüller auftragen
- überschleifen
- Oberfläche überprüfen
- Verdünnten Spannlack auftragen
- leicht überschleifen
- Kleister nach Vorschrift anrühren
- Unterseite des Flügelgerippes mit Kleister bestreichen
- Bespannpapier auf den Flügel auflegen
- Bespannpapier glattstreichen
- Flügel mit Wasser besprühen
- Oberseite des Flügelgerippes mit Kleister bestreichen
- Bespannpapier auf den Flügel auflegen
- Bespannpapier glattstreichen
- Flügel mit Wasser besprühen
- Spannlack mit der vorgeschriebenen Verdünnung verdünnen
- Unter- und Oberseite des Flügels mit verdünntem Spannlack bestreichen
- Flügel bis zum Abtrocknen des Spannlacks einspannen
- Flügel leicht überschleifen
- erneut mit verdünntem Spannlack bestreichen
- Flügel einspannen
- Flügel mit unverdünntem Spannlack bestreichen
- Flügel leicht überschleifen
- falls erforderlich erneut bestreichen
- Flügel leicht überschleifen
- Überzugslack oder farbigen Spannlack auftragen

Fehler und deren Ursachen

Flügel verzogen
- Flügel vor dem Bespannen nicht eingespannt
- Flügel nach dem Lackieren nicht eingespannt
- Faserrichtung auf der Ober- und der Unterseite nicht parallel zur Spannweite

Bespannung schlaff
- Bespannung nicht genügend gestrafft
- falscher Spannlack oder falsche Verdünnung
- hohe Luftfeuchtigkeit
- zu geringe Lufttemperatur

Bespannung glasig
- Spannlack bei hoher Luftfeuchtigkeit aufgetragen

Tropfen von Spannlack unterhalb der Bespannung
- unverdünnten Spannlack als ersten Anstrich verwendet

Bespannung zu straff
- zu viele Anstriche mit Spannlack
- die letzten Spannlackanstriche ohne Rhizinuszusatz

Bespannen mit Seide
- Rohbau verschleifen
- Porenfüller auftragen
- überschleifen
- Oberfläche überprüfen
- Spannlack auftragen
- leicht überschleifen
- Klebelack mischen
- Unterseite und Oberseite des Flügelgerippes mit Klebelack bestreichen
- Seide auf den Flügel auflegen; Kette des Stoffes in Richtung Spannweite
- Seide glattziehen
- Flügel mit Wasser besprühen
- Seide auf dem Gerippe mit verdünntem Spannlack bestreichen
- Spannlack mit der vorgeschriebenen Verdünnung verdünnen
- Unter- und Oberseite des Flügels mit verdünntem Spannlack bestreichen
- Flügel bis zum Abtrocknen des Spannlacks einspannen
- Flügel leicht überschleifen
- erneut mit verdünntem Spannlack bestreichen
- Flügel einspannen
- Flügel mit unverdünntem Spannlack bestreichen
- Flügel leicht überschleifen
- falls erforderlich erneut bestreichen
- Flügel leicht überschleifen
- Überzugslack oder farbigen Spannlack auftragen

Fehler und deren Ursachen

Flügel verzogen
- Flügel vor dem Bespannen nicht eingespannt
- Flügel nach dem Lackieren nicht eingespannt
- Richtung von Kette und Schuß des Seidengewebes auf Ober- und Unterseite verschieden

Bespannung schlaff
- Bespannung nicht genügend gestrafft
- falscher Spannlack oder falsche Verdünnung
- hohe Luftfeuchtigkeit
- zu geringe Lufttemperatur

Bespannung glasig
- Spannlack bei hoher Luftfeuchtigkeit aufgetragen

Tropfen von Spannlack unterhalb der Bespannung
- unverdünnten Spannlack als ersten Anstrich verwendet

Bespannung zu straff
- zu viele Anstriche mit Spannlack
- die letzten Spannlackanstriche ohne Rhizinuszusatz

Nylonbespannung
- Rohbau verschleifen
- Porenfüller auftragen
- überschleifen
- Oberfläche überprüfen
- Spannlack auftragen
- leicht überschleifen
- Klebelack mischen
- Ober- und Unterseite des Flügelgerippes mit Klebelack bestreichen
- Nylongewebe auf den Flügel auflegen; Kette des Gewebes in Richtung Spannweite
- Nylongewebe glattziehen
- Gewebe straffziehen und dabei punktweise

- mit Verdünnung festheften
- Spannlack mit der vorgeschriebenen Verdünnung verdünnen
- Unter- und Oberseite des Flügels mit verdünntem Spannlack bestreichen
- Flügel bis zum Abtrocknen des Spannlacks einspannen
- Flügel leicht überschleifen
- erneut mit verdünntem Spannlack bestreichen
- Flügel einspannen
- Flügel mit unverdünntem Spannlack bestreichen
- Flügel leicht überschleifen
- falls erforderlich erneut bestreichen
- Flügel leicht überschleifen
- Überzugslack oder farbigen Spannlack auftragen

Fehler und deren Ursachen

Flügel verzogen
- Flügel vor dem Bespannen nicht eingespannt
- Flügel nach dem Lackieren nicht eingespannt
- Faserrichtung auf der Ober- und der Unterseite nicht parallel zur Spannweite

Bespannung schlaff
- Bespannung nicht genügend gestrafft
- falscher Spannlack oder falsche Verdünnung
- hohe Luftfeuchtigkeit
- zu geringe Lufttemperatur

Bespannung glasig
- Spannlack bei hoher Luftfeuchtigkeit aufgetragen

Tropfen von Spannlack unterhalb der Bespannung
- unverdünnten Spannlack als ersten Anstrich verwendet

Bespannung zu straff
- zu viele Anstriche mit Spannlack
- die letzten Spannlackanstriche ohne Rhizinuszusatz

Arbeitsplanung Folien

Bügelfolien
- Rohbau verschleifen
- Oberfläche überprüfen
- überstehende Leimnähte beseitigen
- größere Holzflächen anstechen
- Oberfläche mit Haftmittel (Balsarite, Balsafix) bestreichen
- leicht überschleifen
- Bügeleisentemperatur einstellen; vorher testen, bei welcher Einstellung der Folienkleber schmilzt, die Folie schrumpft und die Folie durchbrennt
- Folie mit Übermaß, besonders am Flügelende, mit wasserlöslichem OH-Stift anzeichnen
- Folie ausschneiden
- Folie auflegen und glattziehen
- Bügeleisen auf Klebetemperatur einstellen
- Folie mit Bügeleisenspitze heften
- Folie planmäßig heften; falsche Heftpunkte mit dem Bügeleisen lösen und neu heften
- Folie auf dem Flügel festbügeln
- am Flügelende Folie bei erhöhter Temperatur schrumpfen und danach mit niedrigerer Temperatur festbügeln
- Temperatur höher einstellen
- Falten ausbügeln
- hartnäckige Falten bei höherer Temperatur glätten
- überstehende Folie mit scharfem Messer abschneiden
- Überstand festbügeln
- kritische Nähte mit Blitzkleber versiegeln

Fehler und deren Ursachen

Flügel verzogen
- Flügel vor dem Bespannen verzogen
- Folie zu stark gestrafft
- Flügelkonstruktion zu schwach und daher für Folien nicht geeignet

Bespannung zu schlaff
- Bespannung nicht genügend gestrafft
- Flügelstruktur zu schwach

Folie löst sich
- Bügeltemperatur zu niedrig
- Flügeloberfläche staubig, fettig oder silikonhaltig (Sperrholz)

Falten
- Folie vor dem Aufbügeln nicht geschrumpft
- unzureichende Schrumpftemperatur
- Folie überhitzt, daher kein Schrumpfen mehr möglich

Löcher
- Folie überhitzt

Warzen oder Striemen
- Oberfläche nicht sorgfältig von Leimresten, Staubkörnern, hervorstehenden Fasern gesäubert

Klebefolien
- Muster entwerfen
- prüfen, ob rechts- und linkshändig richtig
- Muster mit wasserlöslichem OH-Stift aufzeichnen
- prüfen, ob richtig oder Spiegelbild
- Folie auf Folienschneidematte ausschneiden
- Flügeloberfläche säubern (Fett, Fingerabdrücke)
- Schale mit Geschirrspülmittel und Wasser bereitstellen
- Lage des Bildes auf dem Flügel mit wasserlöslichem OH-Stift markieren
- Finger mit dem Spülmittel benetzen und die Schutzfolie abziehen
- Folie auf den Flügel legen und auf die gewünschte Stelle schieben
- Flüssigkeit mit Papiertaschentuch ausdrücken
- Falten herausziehen
- falls notwendig Blasen anstechen

Fehler und deren Ursachen

Blasen unter der Klebefolie
- Wasser nicht sorgfältig ausgedrückt
- Oberfläche unsauber, fettig

Ränder der Klebefolie haften nicht
- Oberfläche unsauber, fettig
- Klebeschicht der Folie mit unsauberen Fingern angefaßt

Bügelgewebe
- Rohbau verschleifen
- Oberfläche überprüfen
- überstehende Leimnähte beseitigen
- größere Holzflächen anstechen
- Oberfläche mit Haftmittel (Balsarite, Balsafix) bestreichen
- leicht überschleifen
- Bügeleisentemperatur einstellen; vorher testen, bei welcher Einstellung der Gewebekleber schmilzt, das Gewebe schrumpft und das Gewebe durchbrennt
- Gewebe mit Übermaß, besonders am Flügelende, mit wasserlöslichem OH-Stift anzeichnen
- Gewebe ausschneiden
- Gewebe auflegen und glattziehen
- Ränder mit Nadel feststecken
- Bügeleisen auf Klebetemperatur einstellen
- Gewebe mit Bügeleisenspitze heften
- Gewebe planmäßig heften; falsche Heftpunkte mit dem Bügeleisen lösen und neu heften
- Gewebe auf dem Flügel festbügeln
- am Flügelende Gewebe bei erhöhter Temperatur schrumpfen und danach bei niedrigerer Temperatur festbügeln

- Temperatur höher einstellen
- Falten ausbügeln
- hartnäckige Falten bei höherer Temperatur glätten
- überstehendes Gewebe mit scharfem Messer abschneiden
- Überstand festbügeln
- kritische Nähte mit Blitzkleber versiegeln

Fehler und deren Ursachen

Flügel verzogen
- Flügel vor dem Bespannen verzogen
- Gewebe zu straff gespannt
- Flügelkonstruktion zu schwach und daher für Gewebe nicht geeignet

Bespannung zu schlaff
- Gewebe nicht genügend gestrafft
- Flügelstruktur zu schwach

Gewebe löst sich
- Bügeltemperatur zu niedrig
- Flügeloberfläche staubig, fettig oder silikonhaltig (Sperrholz)

Falten
- Gewebe vor dem Aufbügeln nicht geschrumpft
- unzureichende Schrumpftemperatur
- Gewebe überhitzt, daher kein Schrumpfen mehr möglich

Löcher
- Gewebe überhitzt

Warzen oder Striemen
- Oberfläche nicht sorgfältig von Leimresten, Staubkörnern, hervorstehenden Fasern gesäubert

Anhang

Tabelle der Metalle

Metall	Dichte g/cm³	Lieferform	Verwendung
Federstahl	7,8	Draht	Flächensteckung
			Rudergestänge
			Streben, Haken
		Flachstahl	Flächensteckung
		Rundstahl	Flächensteckung
Stahl		Blech	Beschläge
		Rohr	Randbogen
Stahl, verzinkt		Draht	Rudergestänge
		Litze	Spanndrähte
			Seilzüge
Messing	8,5	Rohr	Flächensteckung
		Flachrohr	Flächensteckung
		Blech	Beschläge
Aluminium	2,7	Blech	Abdeckungen
			Hutzen
		Rohr	Führungsrohre
		Profilrohr	Stiele, Streben
Duraluminium	2,7	Blech	Flächenzungen
			Beschläge

Tabelle der Holzarten

Holzart	Dichte g/cm³	Lieferform	Verwendung
Balsa	0,10–0,30	Brettchen, hart mittel weich Leisten, hart Formleisten, mittel bis hart Bohlen, weich Sperrholz	Rippen Verkastung Beplankung Holme, Stringer Nasenleisten Endleisten Randklötze Rippen
Kiefer	0,49–0,56	Leisten	Holme
Buche	0,6–0,8 0,85	Leisten Sperrholz	Träger Rippen Verstärkungen Beplankung Biegeleisten Randbogen
Birke	0,65	Sperrholz	Rippen Verstärkungen Beplankung
Abachi	0,4	Brettchen Leisten	Rippen Beplankung Nasenleisten
Nußbaum	0,66	Brettchen Leisten	Endleisten Randbogen
Linde	0,55	Brettchen	Holme Nasenleisten Endleisten Leisten Randbogen
Pappel	0,45	Sperrholz	Rippen Verstärkungen

Tabelle der Klebstoffe

Name	Lösungsmittel	Lieferform	Verwendung
Weißleim	Wasser	Tube Flasche Dose	Verleimungen von Hölzern
Hartkleber	organisch	Tube Dose	Verleimungen von Hölzern
Kontaktkleber	organisch	Tube Dose	Kleben von Beplankungen
Kunststoffkleber	organisch	Tube	Kunststoffteile
Klebelack	organisch	Dose	Aufkleben der Bespannung
Haftgrund	Wasser oder organisch organisch	Dose Flasche	Haftverbesserer für Bügelfolie und -gewebe

Name	Lieferform	Verwendung
Epoxidharze	Tuben Flaschen Dosen	Verkleben von Holz mit Metallen und Kunststoffen. Beschichten und Verstärken mit glas- und Kohlefaser. Herstellen von GFK- und CFK-Formteilen
Polyesterharze Blitzkleber	Dosen Ampullen Flaschen	Herstellen von GFK- und CFK-Formteilen Verbindungen von Hölzern und Kunststoffen

Tabelle der Bespannstoffe

Name	Haftung durch	Straffung durch
Bespannpapier	Tapetenkleister Spannlack	Spannlack
Seidengewebe	Spannlack	Spannlack
Nylongewebe	Spannlack	Spannlack
Bespannvlies	Spannlack	Spannlack
Bügelfolie	Klebeschicht	Bügeleisen oder Fön
Bügelfolie	Klebelack	Bügeleisen oder Fön
Bügelgewebe	Klebeschicht	Bügeleisen oder Fön
Zierfolie	Klebeschicht	nicht erforderlich
Zierstreifen	Klebeschicht	nicht erforderlich
Schiebebilder	Klebeschicht	nicht erforderlich

Literaturverzeichnis

Die folgenden Veröffentlichungen sind nur eine kleine Auswahl zum Thema Flügelbau. Manche dieser Schriften sind leider vergriffen, andere als Nachdrucke erhältlich. Ausländische Literatur wurden nicht aufgeführt, obwohl dem Autor viele interessante englische, amerikanische und niederländische Berichte vorliegen. Alleine schon wegen der Sprachprobleme konnten keine tschechischen Artikel einbezogen werden.

Der Leser möge aus dieser Zusammenstellung entnehmen, daß erfolgreicher Modellbau nicht auf der veröffentlichen Erfahrung eines einzelnen beruht, sondern auf der Summe der Erfahrungen und Diskussionen einer Vielzahl von Einzelgängern - eben Modellbauern und Modellfliegern.

Monographien
Denzin, K.H.: Bauen und Fliegen von Freiflug- und Fernlenkmodellen. Neckar Verlag, Villingen-Schwenningen
Gymnich, A.: Segelflug-Modellbau. Maier Verlag, Ravensburg
Jakobs, H.: Werkstattpraxis für den Bau von Gleit- und Segelflugzeugen. Maier Verlag, Ravensburg

Zeitschriften
FMT Flug- und Modelltechnik, Verlag für Technik und Handwerk, Baden-Baden
FMT-Kolleg, Verlag für Technik und Handwerk, Baden-Baden

Profilsammlungen
MTB modell-technik-berater, Verlag für Technik und Handwerk, Baden-Baden

Sonderhefte
FMT-Extra: RC-Segelflug, Verlag für Technik und Handwerk, Baden-Baden
FMT-Extra: RC-Motorflug, Verlag für Technik und Handwerk, Baden-Baden
FMT-Extra: RC-Elektroflug, Verlag für Technik und Handwerk, Baden-Baden
FMT-Extra: RC-Solarflug, Verlag für Technik und Handwerk, Baden-Baden

Baupläne
FMT Flug- und Modelltechnik, Verlag für Technik und Handwerk, Baden-Baden
Modellbaupläne-Katalog, Verlag für Technik und Handwerk, Baden-Baden
Antik Deutschland

Weitere Bücher zum Thema...

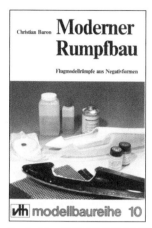

Best.-Nr.: MBR 10 DM 17,80

Best.-Nr.: MTB 14 DM 25,–

Best.-Nr.: FM 1 DM 19,50

Best.-Nr.: FB 2039 DM 36,–

Best.-Nr.: FB 2031 DM 32,–

Best.-Nr.: FM 3 DM 19,50

Bestellen beim vth:
Per Verrechnungsscheck oder per Vorausüberweisung auf Volksbank Baden-Baden, BLZ 662 900 00, Konto-Nr.: 281 077 600. Addieren Sie zu Ihrem Gesamtbetrag DM 4,– Versandkostenanteil oder bestellen Sie per Nachnahme, wobei allerdings Zusatzkosten von ca. DM 8,– entstehen.

Fordern Sie unseren Gesamt-Prospekt an.

 IHR PARTNER FÜR MODELLBAU-FACHLITERATUR VERLAG FÜR TECHNIK UND HANDWERK GMBH POSTFACH 2274 · D-76492 BADEN-BADEN

Die

Fachzeitschriften für den Modellbau ...

... natürlich vom **vth**

Die "**FMT**" ist die Nr. 1 unter den Fachzeitschriften zum Thema Flugmodellbau; mit Bauplanbeilage.

**12 Ausgaben pro Jahr
Einzelheft DM 8,–
Abonnement
Inland DM 96,–
(Ausland
DM 104,40)**

"**SCALE**" berichtet sechs mal im Jahr über den Nachbau von Originalflugzeugen als ferngesteuertes Modell.

**6 Ausgaben pro Jahr
Einzelheft DM 9,–
Abonnement
Inland DM 54,–
(Ausland
DM 60,–)**

Die "**amt**" berichtet monatlich über RC-Cars, Buggys und Off-Road-Fahrzeuge; Tests, Technik und Rennen.

**12 Ausgaben pro Jahr
Einzelheft DM 6,–
Abonnement
Inland DM 72,–
(Ausland
DM 82,20)**